図解まるわかり

Web技術のしくみ

Technology

西村泰洋【著】

会員特典について

本書の読者特典として、**7-8**で解説している「レスポンシブデザインのサンプルコード」を提供します。下記の方法で入手し、さらなる学習にお役立てください。

会員特典の入手方法

❶以下のWebサイトにアクセスしてください。

URL https://www.shoeisha.co.jp/book/present/9784798169491

❷画面に従って必要事項を入力してください（無料の会員登録が必要です）。

❸表示されるリンクをクリックし、ダウンロードしてください。

※会員特典データのダウンロードには、SHOEISHA iD（翔泳社が運営する無料の会員制度）への会員登録が必要です。詳しくは、Webサイトをご覧ください。

※会員特典データに関する権利は著者および株式会社翔泳社が所有しています。許可なく配布したり、Webサイトに転載したりすることはできません。

※会員特典データの提供は予告なく終了することがあります。予めご了承ください。

はじめに

Web技術は、個人の視点に立つと、日常的に利用しているWebサイトや検索エンジン、SNS、オンラインショッピングなどのように、最も身近にある情報システムです。AIやIoT、ビッグデータなどの少し難しい技術を含むこともありますが、思い立ったらすぐに運営や開発に携わることができるユニークなシステムでもあります。

一方、しくみとしてのWeb技術は変化が激しく今後も変わり続けていくでしょう。

インフラ面でいえば、以前は、Webビジネスを立ち上げる場合には、自前でWebサーバーを構築するか、ISP（インターネットサービスプロバイダ）が提供するレンタルサーバーを利用していました。近年は、クラウドの利用が増加し、大規模なWebシステムになるほど自前を捨てて、クラウド上でWebサービスが展開されています。

その中を走るソフトウェアも、OSS（オープンソースソフトウェア）の利用が進んでいます。サービス提供だけでなく、開発から運用に至るまで、大規模なWebシステムであっても、無償のOSSで構築できる時代となりました。

端末やネットワーク、さらにWebサービスの進化と多様化、サービスを提供する側の目的も、単なる情報提供から情報の連携や活用に変化するといった背景もあって、Web技術は一層複雑化しています。そのため、システム開発のシーンでもゼロから作るのではなく、既存の使えるしくみを活用してすぐに動かすことが優先されています。

以上のような変遷と現状を踏まえて、本書は次のような、主にこれからWeb技術について学びたい方を読者として想定しています。

- **Web技術に関する基本的な知識を身につけたい方**
- **WebサイトやWebアプリケーションなどを始めたいと考えている方**
- **クラウドも含めて用語や技術、動向などを確認したい方**
- **Webを活用したビジネスを検討している方**

本書では、基本となるWebサイトやWebサーバーを入り口として、解説を進めていきます。

多くの方にWeb技術に興味を持っていただくとともに、本書で得られた知識を実際のビジネスシーンで活用していただきたいと願っています。

目次

第4章 Webの普及と広がり ～拡大を続ける利用者と市場～ 93

第6章
クラウドとの関係
～現在のWebシステムの基盤を理解する～
131

第7章 Webサイトの開設に際して ～確認してほしい事項～ 149

第1章

Web技術の基本

~ブラウザとWebサーバーなどの登場人物~

» Webとは？

インターネットを通じて提供されるしくみ

私たちの生活や仕事で、インターネットは欠かせない存在となっています。Webという言葉を広い意味で捉えると、**インターネットを通じて提供される情報や商材などを公開する、あるいはそれらをやりとりするためのしくみ**を指します（図1-1）。

これまでのWeb技術の発展の歴史に沿った意味合いでは、World Wide Webの略称といわれることもあります。World Wide Webは**WWW**とも呼ばれていますが、インターネットを通じて提供される**ハイパーテキスト**を利用したシステムです。

Web技術が進化してきたことで、現在では、情報システムの大半がインターネットを通じて提供されるようになりました。本書では、これまでの歴史も踏まえながら、現在のWeb技術やシステムを中心に解説を進めていきます。

リンクによる関連づけ

Webサイトを構成するそれぞれのWebページは、リンクや参照という形で別のページを関連づけして多数のページにつながっています。さらに、あるサイトから別のサイト（あるWebサーバーから別のWebサーバー）にといった具合に、地球の上から見ると膨大な文書や情報が海や国境を越えて結ばれています。この**ハイパーリンク**と呼ばれるしくみは、それぞれのWebページがハイパーテキスト・マークアップ・ランゲージ（HTML、**2-3**参照）と呼ばれる言語で構成されていることで実現できます。ハイパーテキストで作成されたページにリンク先を埋め込んで、**次々と別のページに移動することができます**（図1-2）。

業務システムなどでは、メニュー画面からそれぞれの処理やプログラムを呼び出して、終了したらメニューに戻る構造になっていますが、Webサイトでは、リンクで移動するのが基本です。

続いてWebシステムの構造を見ていきます。

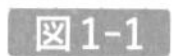

図1-1 Webの概要

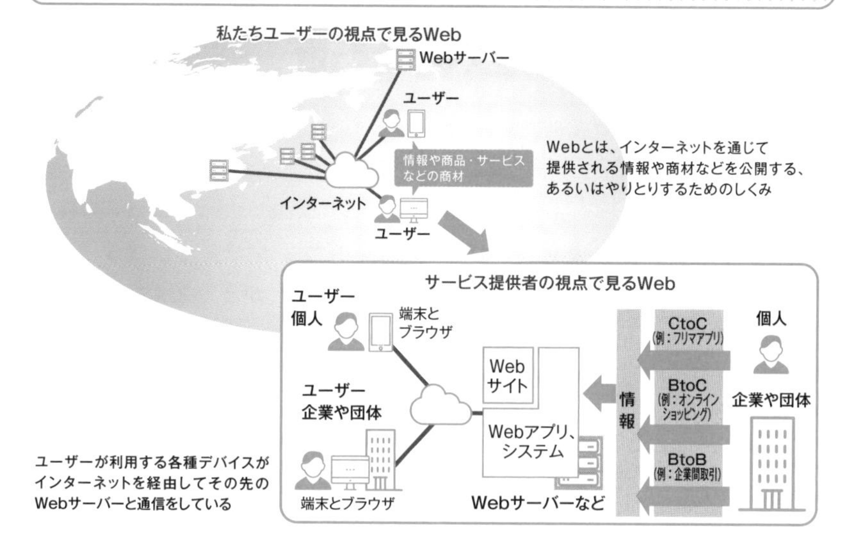

図1-2 ハイパーテキストとハイパーリンク

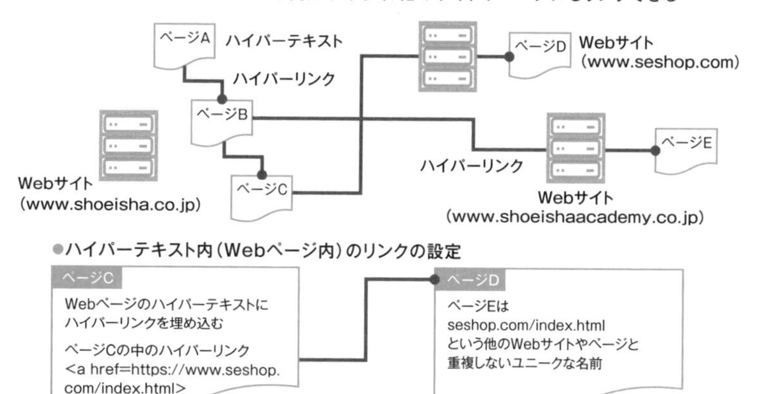

Point

- Webは、インターネットを通じて提供される情報や商材などをやりとりするしくみ
- Webではハイパーテキストとハイパーリンクというしくみが使われていて、別のページやWebサイトに移動する特徴がある

Webシステムの構造

Webシステムの基本的な構成

Webサイトを見るときには、PCやスマートフォン、あるいはタブレットなど、デバイスのことはほとんど気にしないことが多いでしょう。

実際にデバイスはどれでも構いません。デバイスの中にはブラウザと呼ばれるソフトウェアがインストールされていて、正しくURLが入力できれば、目的のWebサイトにアクセスすることができます。

端末のブラウザが、インターネットを経由して向かう先はWebサーバーです。図1-3のように、**デバイス（ブラウザ）、インターネット、Webサーバーが基本の構成**です。物理的にはクラサバシステム（**1-8**参照）と同じです。

WebサイトとWebアプリ

Webに関しては、Webサイト、Webアプリなど、さまざまな言い方があります。本書では、図1-4とあわせて次のように整理します。

- Webサイト
  文書情報を中心としたWebページで構成される集合体です。例えば、www.shoeisha.co.jpはWebサイトで、その中の会社案内や採用情報などの個々のページはWebページのひとつです。
- Webアプリ
  Webアプリケーションの略称で、ショッピングなどの動的なしくみを指します。構成はWebサーバーに加えて、**アプリケーションサーバー（APサーバー）やデータベースサーバー（DBサーバー）などが加わります。**書籍やファイルの直販サイトのSEshop.comはWebアプリの一例です。
- Webシステム
  WebサイトやWebアプリに加えて、API（**1-4**参照）などで個別のサービスを提供するなど、やや複雑で規模の大きいしくみです。外部システムとの連携、自動での天気情報の受信、IoTデバイスの利用などが代表的な例です。

図1-3 **Webサイトのシステム構成**

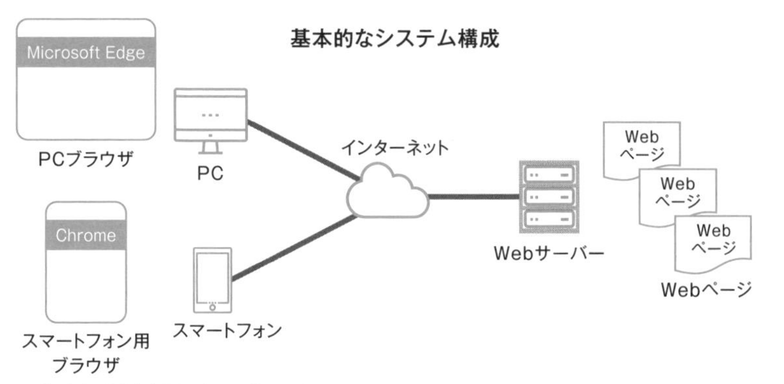

図1-4 **Webサイト、Webアプリ、Webシステムの違い**

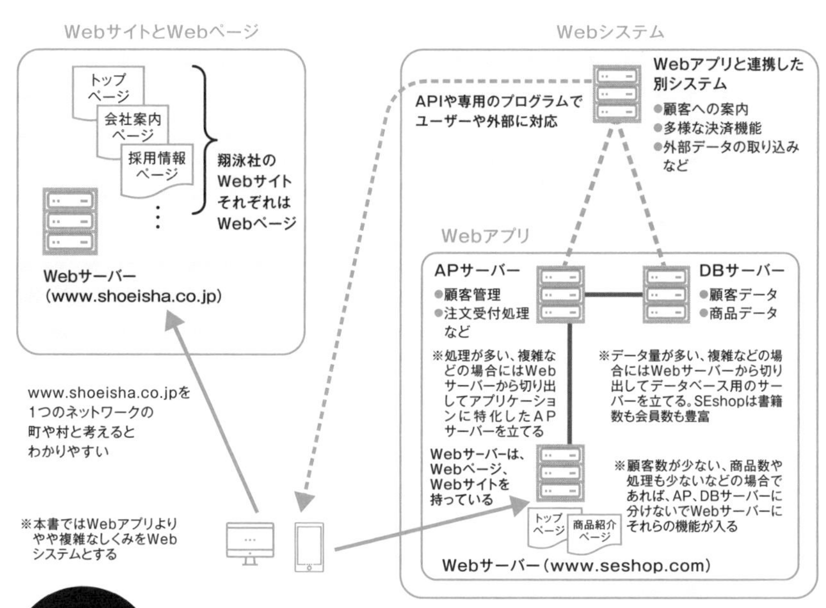

Point

- Webサイトの基本的な構成は、ブラウザ、インターネット、Webサーバーからなる
- APサーバーやDBサーバーなどが加わると、少し複雑なしくみになる

» Webページを閲覧する

URLの入力

1-2でWebサイトやWebシステムの構成について解説しました。本節ではユーザー側の視点に立って、Webページの閲覧という観点から再確認します。

ユーザーが利用するデバイスとしては、PC、スマートフォン、タブレットなどが挙げられます。Webサイトにアクセスする時間や回数からすれば、実態としては、スマートフォンが最も利用されているのではないでしょうか。

閲覧するという観点では、それぞれのデバイスにブラウザがインストールされていて、ユーザーは、「http:」や「https:」以下で表すことのできるURL（Uniform Resource Locator）を**入力またはクリックやタップをして、Webページにアクセスします**（図1-5）。ユーザーによるブラウザへの入力、あるいはURLが埋め込まれたリンクをクリックまたはタップすることもありますが、その後にデバイスからインターネットを通じて求めるページにアクセスする流れになります。

ユーザーに向けた専用アプリの存在

今までWeb技術を解説していた記事や書籍では、上記のような説明になっていました。現在は、Webサービスを提供する企業などが配布している、ユーザーの各デバイス向けのアプリケーションを使ってアクセスすることも増えています。ユーザー向けの専用のアプリには、URLが埋め込まれていて、アプリを立ち上げるとすぐにアクセスできるようになっています（図1-6）。自社のWebサイトへの囲い込みという要素も強いのですが、アプリの場合には、WebページやWebサイトへのアクセスに加えて、別のサーバーなどと自動的に特定のデータをやりとりするような使い方もできるようになっています。

基本的な構成は図1-3に近いのですが、ユーザー側は汎用的なブラウザに加えて、専用のアプリケーションを使うことや、Webサイトのサーバー以外にアクセスすることも増えています。

図1-5 URLの概要

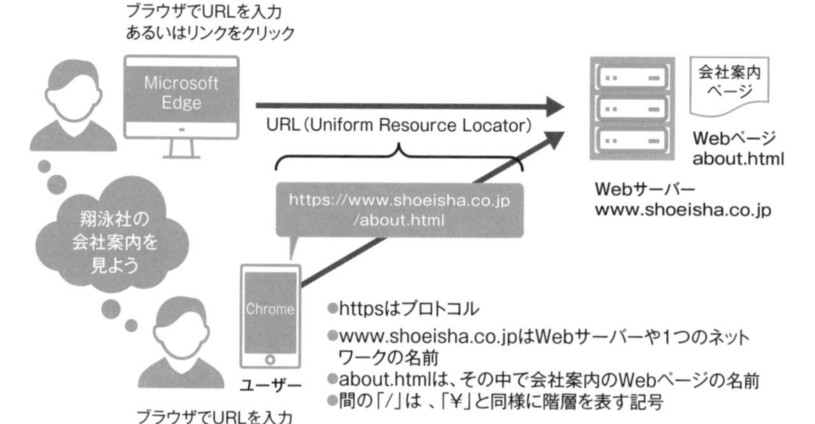

図1-6 専用アプリの概要

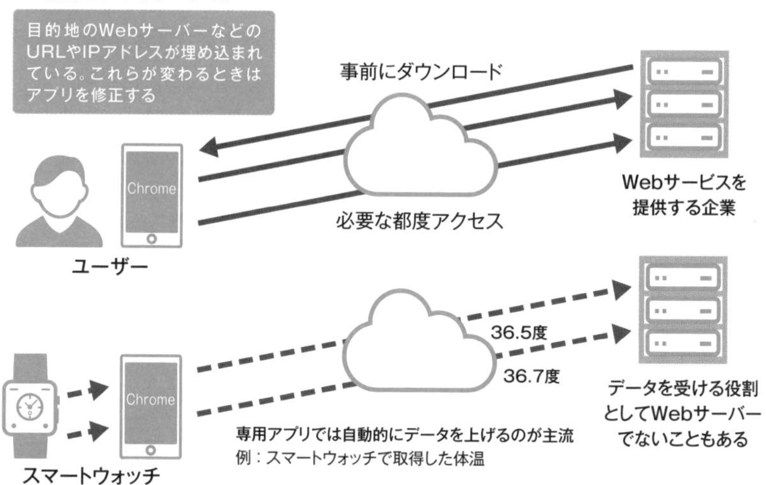

Point

- ブラウザでURLを入力してWebサーバーとWebページにアクセスする
- 特にスマートフォンでは専用のアプリによるアクセスが増えている

URLとは?

URLの意味

Webサイトを見るときには、リンクをクリックしないのであれば、URLを入力することが多いでしょう。

URLは見たいWebページあるいはWebサイトのファイルを表しています。

例えば、図1-7のように、https://www.shoeisha.co.jp/about/index.htmlであれば、https://の部分は**スキーム名**、www.shoeisha.co.jpはFQDN（Fully Qualified Domain Name：完全修飾ドメイン名）、その後の、/about以下は**パス名**を表します。index.htmlやindex.htmは省略しても、Webサーバーの機能が補ってくれます。

これまで説明してきたように、ブラウザの立場で言い換えるなら、どういうスキーム（プロトコル）で、どの場所にあるファイルを転送してほしいというリクエストを上げています。

ドメイン名とは?

図1-7の例でいえば、「shoeisha.co.jp」がドメイン名です。

ドメイン名はインターネットの世界の中で一意の名前ですが、対になるグローバルIPアドレスを持っています。数字で構成されるグローバルIPアドレスではどのサイトかわかりにくいので、ドメイン名を使うことが多いです。もし、IPアドレスがわかっているサイトであれば、ブラウザでグローバルIPアドレスを入力してもページを見ることができます。

なお、通称ドメイン名と呼んでいるのは、「.jp」、「.com」、「.net」、「.co.jp」以外にもさまざまなものがありますが、「gTLD（Generic Top Level Domain）」のことで、それぞれの分野別トップドメインレベルのことを指しています。図1-8で紹介しているのは代表例ですが、その他にもさまざまなドメイン名（**7-5**参照）があります。

図1-7 URLの意味

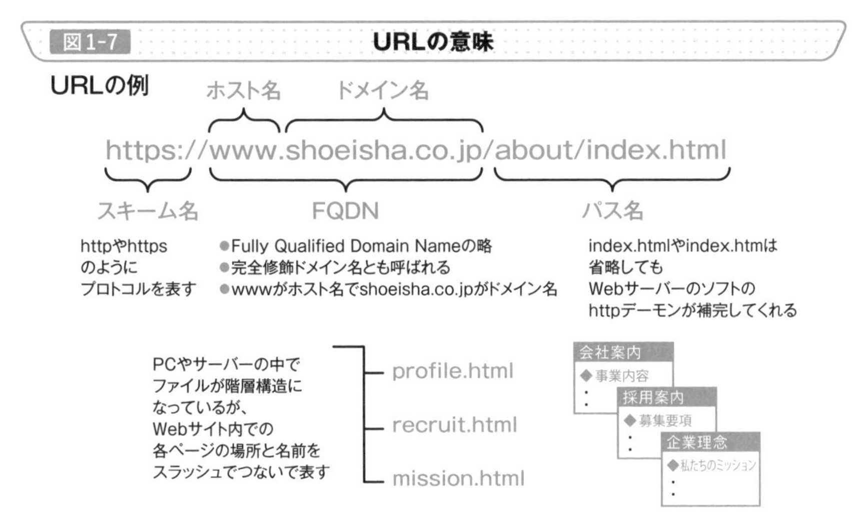

図1-8 主要ドメイン名一覧

- ドメイン名は主に、gTLDと国ごとに割り当てられたcc(country code) TLDなどがある
- 人気が高いのは.jpと.comで、.netが続く形であるが、ドメイン名の価格相場にもそれが現れている

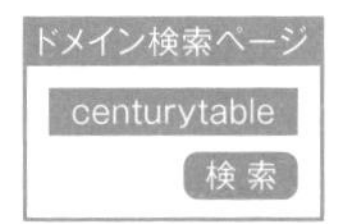

.jp ¥4000-　.com ¥2000-　.net ¥2000-
のように人気に応じた価格で表示される

gTLDの例	概　要
.com	誰もが登録できる最も人気が高いドメインのひとつ。商業組織向け
.net	誰もが登録できる人気が高いドメインのひとつ。ネットワーク用
.org	団体、協会などの法人で使われることが多い
.edu .gov	教育や政府機関など組織としての要件が必要
.biz .info .name .pro	誰でも登録可能だが、ビジネス用、個人用、士業向けなどの特性がある

JPドメイン名(ccTLD)の例	概　要
.co.jp	会社法人のスタンダード
.jp	今では.comと並んで最も人気が高いドメインのひとつ
.or.jp、.ac.jp、.go.jp	財団や社団、学校法人、政府機関

.tokyoだけでなく、.yokohama、.nagoyaなどもあるので、
ローカルビジネスをしている人にとっては早いもの勝ち

※日本ネットワークインフォメーションセンター(JPNIC)のWebサイトを参考にして作成
https://www.nic.ad.jp/ja/dom/types.html

Point

- ユーザーが入力するURLは、ドメイン名やパス名などで構成されている
- ドメイン名は一意で対になるIPアドレスを持っている

Webサーバーの外見と中身

物理的な姿

Webサーバーは、WebサイトやWebシステムの基本的な構成において不可欠な存在です。その物理的な姿は、Webサイトなどを通じて提供するサービスのユーザー数や規模に応じてさまざまに変わります。

例えば、図1-9のように、オフィスなどでよく見かける**タワー型**、情報システムのセンターやデータセンターなどに多い**ラックマウント型**などとなります。サーバーの中のOSとしては、現在はLinuxが主流で、Windows Serverの場合もあります。

大規模な業務システムでは、メーカー独自のOSの汎用機（メインフレームとも呼ばれる）やUNIX系サーバーなどもありますが、Webサーバーの場合には、規模の拡大に応じてラックマウント型を複数台に増やしていくように、実態としては小・中型のサーバーが多いため、規模の拡大に応じてラックマウント型を複数台に増やしていきます。

Linuxが増えている理由

サーバー市場全体の中ではWindows Serverが約5割を占めていて、Linux、UNIX系が続いています。サーバー全体の一部のWebサーバーという観点で見ると、Linuxの方がWindows Serverよりも多いとされています。その理由は、Windows Serverには多くの機能が実装されていて、必要な機能を比較的簡単に設定できるメリットがある一方で、メンテナンスを含めてそれなりの費用がかかることがあります。

Linuxの場合は、Windows Serverより少し難しくなりますが、必要な機能だけを追加していくので、ディスクの節約や安定性の向上に加えて、コストも安価に抑えられます（図1-10）。

Webサーバーの場合は、機能が限定されることや、メールサーバーを加えるなど、必要最小限の機能で済ますことが多いことから、シンプルな機能とコストという観点でLinuxが好まれることが増えています。

図1-9 Webサーバーに多いラックマウント型

●オフィスの片隅などに置かれているタワー型
●Webサーバーとしてはごく少数派

●最も多いのはラックマウント型のサーバー
●アクセス数や規模に応じて増やしていく
●Webサーバーの多数派・主流派で、クラウドもこの形態

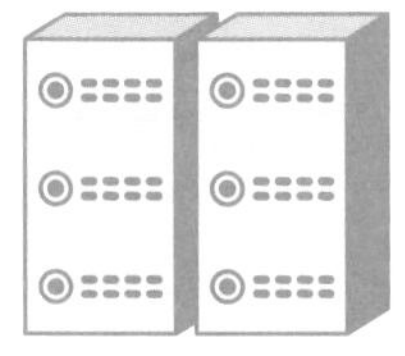

大規模な業務システムでは汎用機（メインフレーム）や大型のUNIX系サーバーもあるが、現在のWebサーバーではほとんどない

図1-10 LinuxのWebサーバーの機能

参考：サーバーOSの歴史

	1970	1980	1990	2000
UNIX系	AT&Tで開発され、80年代に今の形に			
Linux		リーナス・トーバルズ氏がUNIXを参考にして開発		
Windows		NT3.1をリリース	Windows Serverは2003年から	

●サーバー用OSは多数のクライアントからの同時アクセスに耐えられる性能を備えている
●Linuxは歴史的背景からUNIX系との親和性が高い
●UNIX系は過去のソフトウェア資産の活用や長期間の連続運用に耐えるサーバー OSとして現在でも根強い支持があるが、典型的な利用用途では同等の機能を持ったLinuxの利用が増えつつある

Linuxでは必要な機能を自分でインストールする

Webサーバーの定番
•Apache（アパッチ）
•Nginx（エンジンエックス） など

●例えば、Linuxでファイルサーバーを構築したいのであれば「Samba（サンバ）」をインストールする
●Windows Serverの場合は、サーバーの機能が網羅的にそろっていて、どれを実際に使うかを選択して設定する方式

Point

✎Webサーバーの形状は、ラックマウント型が多い
✎WebサーバーのOSについては、サーバー自体の機能が限定されていることとコストの観点からLinuxが選ばれることが多い

ブラウザの機能

ブラウザの基本機能

ブラウザといえば、グーグルのChrome、マイクロソフトのMicrosoft EdgeやInternet Explorerなどが有名です。

ブラウザはWebブラウザとも呼ばれますが、**ハイパーテキストを人間の目で見やすいように表示してくれます。**ブラウザで見るWebサーバーの中身でもあるWebサイトを構成するWebページは、HTMLで記述されています。図1-11のように、タグで囲まれたハイパーテキストをブラウザが同時通訳のように変換して、わかりやすく見せてくれます。

物理的なWebシステムの構成は、ブラウザをインストールしたデバイス、インターネットのネットワーク、Webサーバーなどのようにおおむね定まっていますが、その中を走る情報である文字列や言語も定められています。

したがって、ブラウザがないと、私たちが日常的に閲覧しているきれいで読みやすいWebページを見ることはできません。

リクエストとレスポンス

もう少し細かい話をすると、**ブラウザはWebサーバーに対して、何がほしい・したいなどのリクエストを送ります。**それに対して、**Webサーバーはレスポンスを返します**（図1-12)。レスポンスとしては、HTMLやCSS、JavaScript（いずれも第2章以降で解説）などがありますが、ブラウザはそれらを見極めて適切な形で処理をして端末の画面に表示します。このような工程は通称レンダリング（Rendering Path）と呼ばれています。レンダリングについては、汎用的なブラウザが備えている開発者用の画面などで確認すると、多数の細かい工程や複雑な手順で実現されていることがわかります。

図1-11 ブラウザの基本機能～ハイパーテキストの変換～

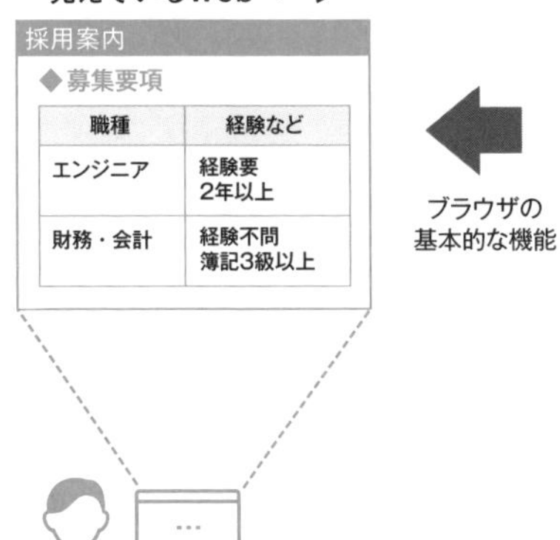

タグで囲まれたハイパーテキスト
（HTMLの例）

```
<html>
<head>
<title>採用案内</title>
</head>

<body>
<h1>◆募集要項</h1>
<br>
  <table border="1">
    <tr>
      <th>職種</th>
      <th>経験など</th>
    </tr>
    <tr>
      <td>エンジニア</td>
      <td>経験要<br>2年以上</td>
    </tr>
    <tr>
      <td>財務・会計</td>
      <td>経験不問<br>簿記3級以上</td>
    </tr>
  </table>

</body>
</html>
```

図1-12 ブラウザからのリクエスト

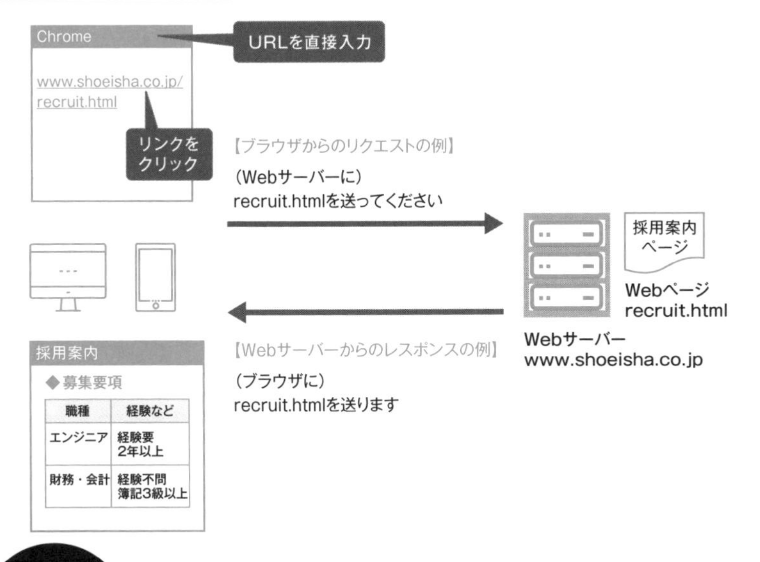

Point

- ブラウザの基本機能で、ハイパーテキストなどを見やすく変換してくれる
- ブラウザからのリクエストとWebサーバーからのレスポンスでWebページを見ることができる

» ブラウザとは別の存在

APIとは?

1-3で、ユーザーとWebシステムをブラウザ経由でつなぐだけでなく、APIや専用のアプリでつなぐこともあることを解説しました。WebでのAPIは、ブラウザとは別の重要なWeb接続のしくみでもあることからここで整理しておきます。

APIはApplication Programing Interfaceの略称で、もともとは図1-13のように、**異なるソフトウェアがやりとりをする際のインタフェースの仕様を意味する言葉**です。WebシステムでAPIというときには、ブラウザのようなハイパーテキストの表示ではなく、システム間のデータのやりとりを行うしくみを指すことが多くなっています。

APIの典型例

スマートフォンからWebサーバーに対して、アプリケーションを通じて特定のデータを送受信するのはわかりやすいケースです。

例えば、**位置情報をWebサーバーに送信して、そのエリアの天気の情報を受信する**などです。具体的には図1-14のように、緯度（LAT：Latitude）が36°710065、経度（LON：Longitude）が139°810800のようなデータをWebサーバーに送信します。LONとLATは大文字小文字を別とすれば、さまざまなデバイスやAPIで共通化された項目となっています。Web上にあるAPサーバー側では、受信した位置情報に対応した天気予報の情報を返します。図1-14ではスマートフォンからアップロードしていますが、IoTセンサーなどから人を介さずに自動的にデータを上げるケースもあります。

このようなデータのやりとりを、人間がブラウザで入力するのはほぼ不可能です。APIや専用のアプリがWebシステムの利用シーンや可能性を大きく広げていることがわかります。

図1-13 もともとのAPIの意味

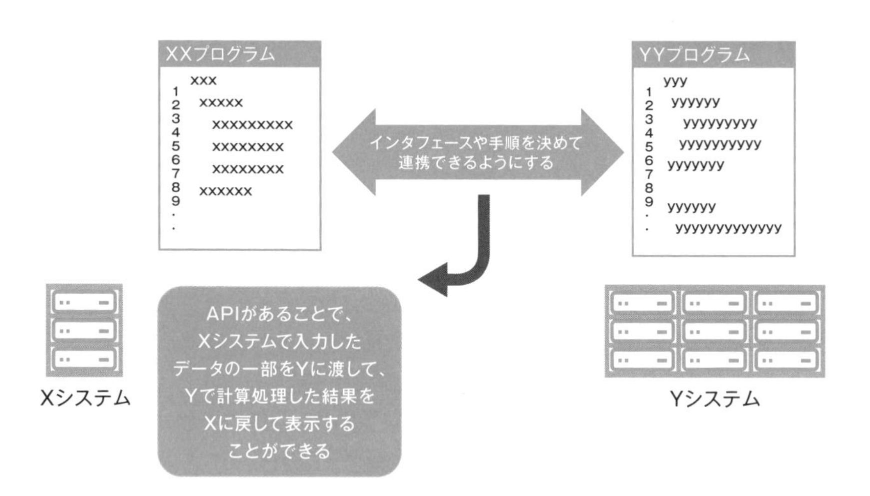

図1-14 Web APIの典型例（位置情報と天気情報）

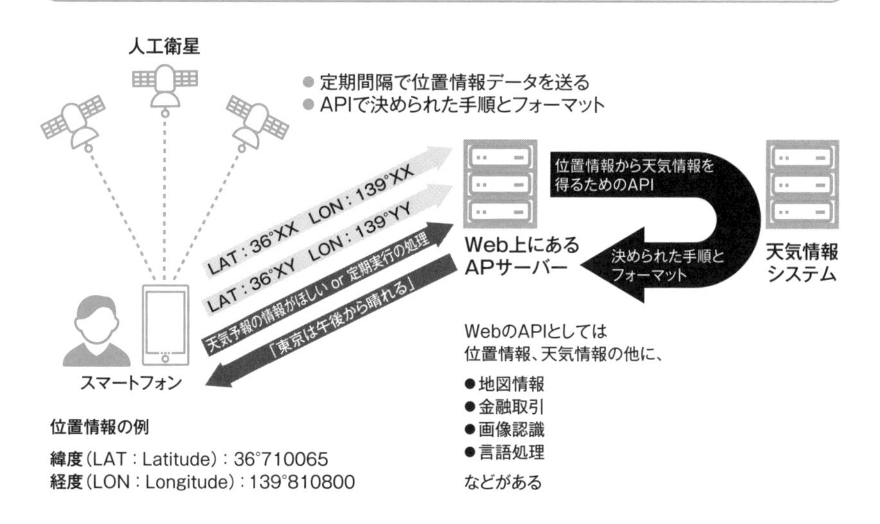

Point

- APIは異なるシステムを連携する際の手順や形式などを指す
- Web APIでは位置情報や天気情報など典型的なパターンができている

Webシステムの置き場所

企業のシステムとの比較

Webシステムは主に、ブラウザや専用アプリのインストールされたデバイスがインターネットを経由して、Webサーバーその他のサーバーにアクセスする構成となっています。本節ではその他の一般的なシステムとの比較で、Webシステムの置き場所と構成について考えてみます。

企業の業務システムの基本的なシステム構成は、図1-15のような、いわゆるクラサバシステムです。クライアントからLANのネットワークを通じて、さまざまなシステムのサーバーにアクセスします。これらのIT機器が企業の敷地内にあれば、オンプレミス（on-premises）のシステムとも呼ばれています。

近年の傾向としては、クラウドサービスを利用する企業も急速に増えています。図1-15の右側のように、サーバーがクラウド事業者の管理となり、オフィスからインターネット経由でアクセスするしくみです。

Webシステムの管理

以上の動向を踏まえて、企業でWebシステムを利用する場合には、次のような2つの進め方があります（図1-16）。

- **自社でWebサーバーを管理する**
  自社の情報システム部門のセンターやデータセンターなどにサーバーを設置して、各事業所や外部からアクセスします。内部のネットワークにとどまる場合にはイントラネットと呼ばれます。
- **他社に管理を委ねる、他社のIT資産を借りる**
  Webサーバーやメールサービス専用のISP（インターネットサービスプロバイダ）のサービス、クラウドサービス、データセンター事業者のホスティングサービスなどを利用します。

現在は自社でなく他社のIT資産を借りるのが多数派です。

図1-15 クラサバシステムとクラウドサービスの例

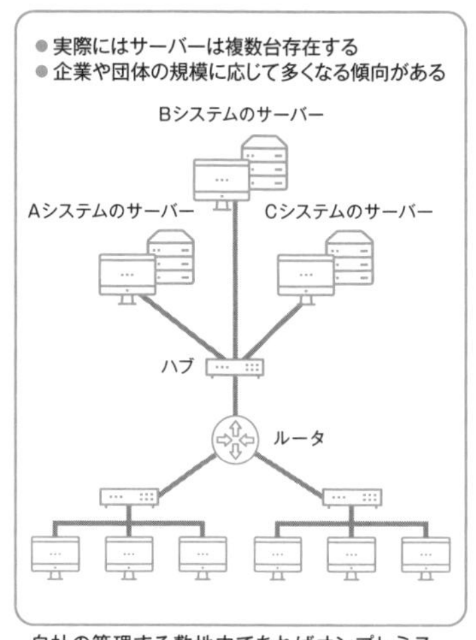

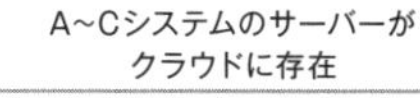

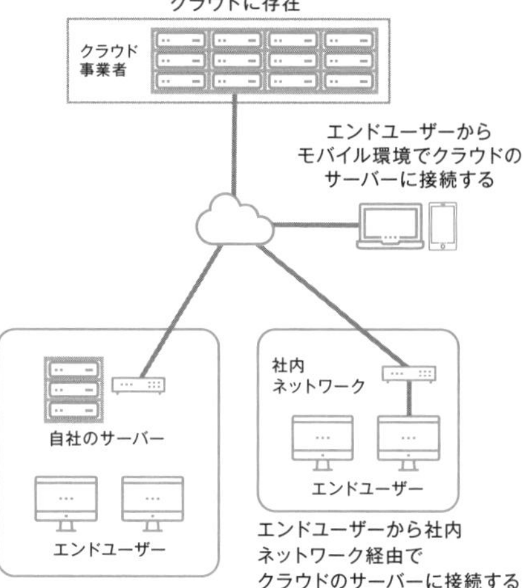

図1-16 Webサーバーの立て方

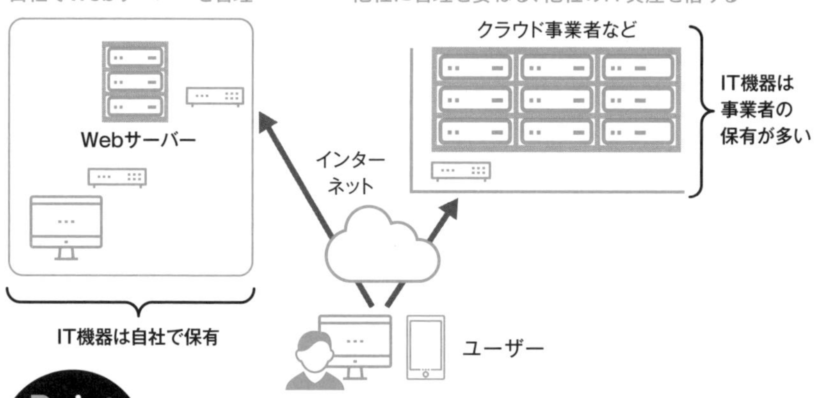

Point

- Webシステムの物理構成の原型はクラサバシステムと同様
- 現在ではISPやクラウドサービスの利用が多数派となっている

海外のWebサイトにたどり着くには?

海外のWebサイトを閲覧するしくみ

ブラウザからWebサイトを見るのは日常的になっています。中には日本語で書かれたWebページを見るだけでなく、必要があれば英語その他の外国語のページを見ることも普通になっています。本節では海外のWebサーバーに至るまでのしくみの概要を解説します。

海外のWebサイトは多くの場合、日本国外にサーバーが設置されています。個人を例にすると、契約しているISPのネットワークを経由して、ISPの上の階層で、かつ海外のネットワークに物理的に接続されているインターネットエクスチェンジという**ネットワーク事業者の設備を経由して海外に出ていきます**(図1-17)。略称でIXといわれていますが、インターネット接続点やインターネット相互接続点などとも呼ばれることもあります。

海外への物理的な関所

例えば、日本から海外のWebサイトに行くには、物理的なネットワークは海底ケーブルを経由します。IXは関所あるいは港や空港のような存在で、海底ケーブルのネットワークにつながっています。IXはいわゆる大手通信キャリアが中心となって運営していますが、一般のISPでは海底ケーブルに接続できないので、日本国内のISP→日本国内のIX→海外のIX→海外のISPなどのルートで、海外のWebサイトを閲覧することができます(図1-18)。

20年以上前からこのようなしくみが出来上がっています。IXは東京や大阪などの膨大なインターネットの利用が想定される大都市や海底ケーブルに近い湾岸にあります。安全保障上の観点から具体的な所在地は明かされていません。確かにIXのシステムがダウンしたら、ISP間のやりとりや海外サイトへのアクセスはできないので、極めて重要なインフラです。

図1-17 インターネットエクスチェンジ (IX) の役割

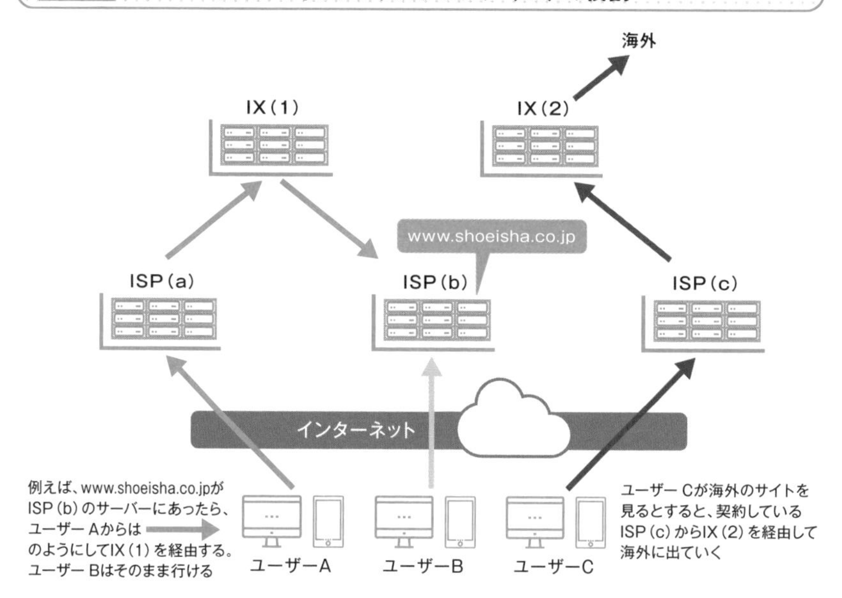

図1-18 IXから海底ケーブルを通じて海外へ出る例

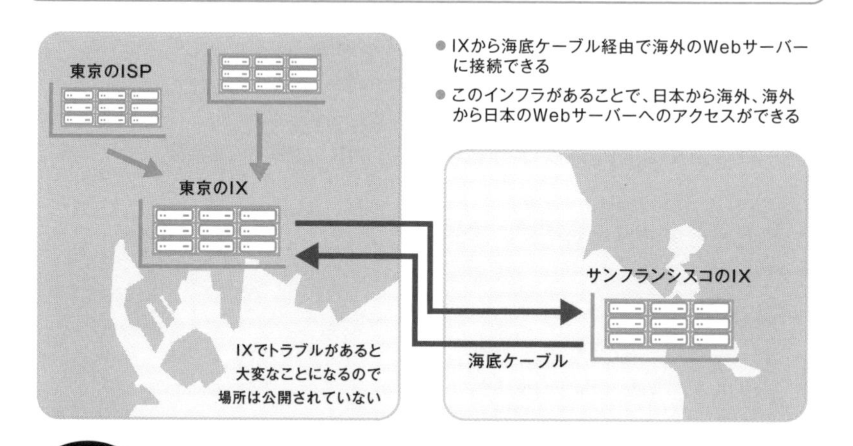

Point

- ISPの上位にインターネットエクスチェンジというしくみがある
- インターネットエクスチェンジがあることで、海外のWebサイトを見ることができる

» インターネットとWebの関係

インターネットの利用率

本節ではインターネットとWebの関係について整理しておきます。

インターネットの利用状況を示す数値として、総務省が発表している「通信利用動向調査」があります。毎年発行されるITや通信の統計資料である『情報通信白書』の中でも紹介されています。

2019年度のわが国のインターネットの利用率（インターネットの人口に対しての普及率・過去1年間にインターネットを利用したことがある人の割合）は、図1-19のように約9割となっています。13歳から69歳までは、**各階層で9割を超えている**ことから、国民の大半がインターネットを利用しているともいえます。端末別では、スマートフォンが第1位、PCが第2位で大半を占めていて、タブレット端末、ゲーム機以下を大きく引き離しています。

インターネットの利用とは？

世帯や個人に対する調査票の中を見ると、利用率のもとになっているインターネットの利用は次のように例示されています（図1-20）。

- 電子メールやメッセージの送受信
- 情報の検索
- SNSの利用
- ホームページの閲覧
- オンラインショッピング

上記を簡単に言い換えると、**メールとWeb**ともいえますが、大半の人が利用しているのはすごいことです。例えば、近年AIやカメラを利用したシステムが浸透しつつありますが、そこまで多くの人は利用していません。また、企業で利用されている経理のシステムなども大量に販売されていて汎用化されつつありますが、誰もが使うシステムにはなっていません。

図1-19 インターネットの利用状況や利用端末

インターネットの利用者の割合は、9割に迫るところまで増加。特に6～12歳および60歳以上の年齢層でインターネットの利用が伸びた。インターネット利用端末は、スマートフォンがPCを上回っている

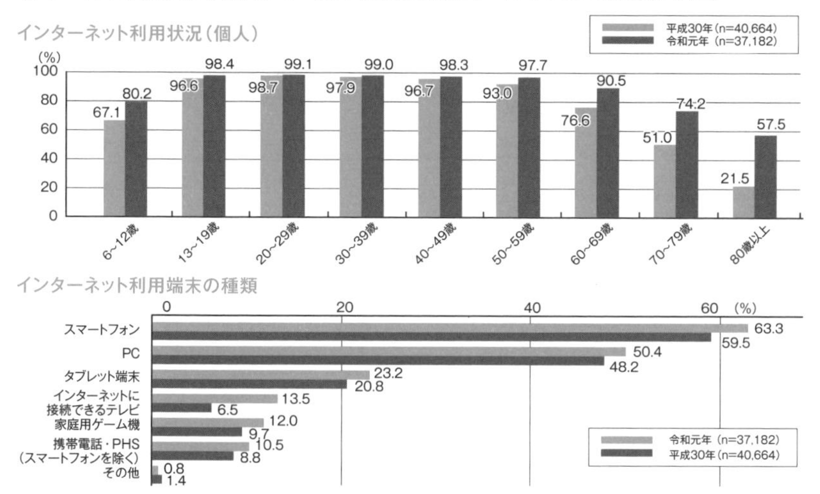

出典：総務省『令和2年版 情報通信白書』
（URL：https://www.soumu.go.jp/johotsusintokei/statistics/data/200529_1.pdf）

図1-20 インターネットとWebの関係

国（総務省）によるインターネット利用の例示

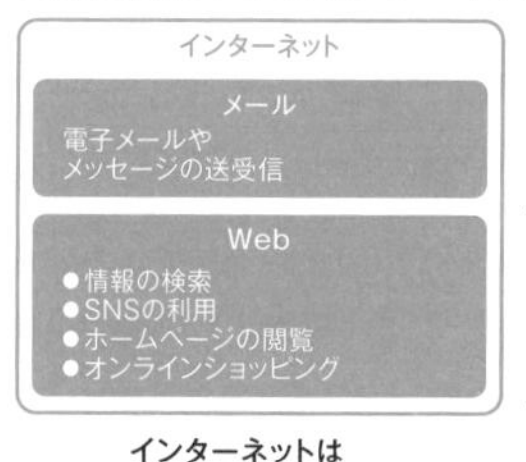

➡ Webサーバーやwebページを必ずしも使わない

ここまで本書でWeb（Webサイト、Webアプリ、Webシステム）と説明してきた利用例

➡ ● Webサーバーやwebページを必ず使う
● ブラウザやその機能を持ったアプリを使う

インターネットは「メール＋Web」と捉えるとわかりやすい

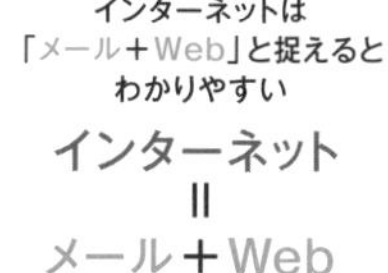

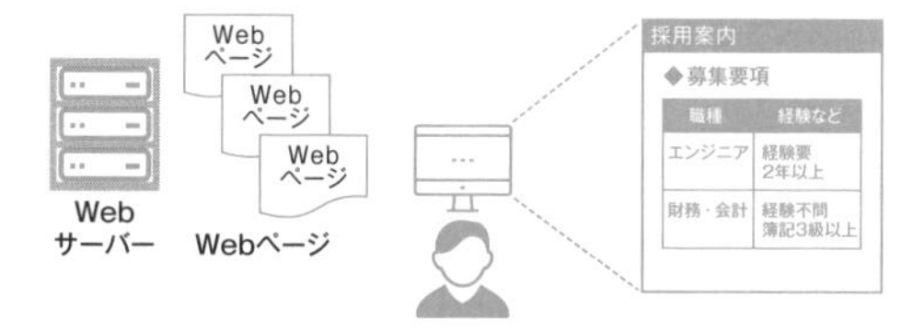

Point

- 2019年度の調査で、インターネットの利用率は9割となっている
- 国の調査では、「インターネット＝メール＋Web」と例示しているが、この考え方はわかりやすい

やってみよう

Webサイトの規模

Webサイトの規模を測る数値として総ページ数があります。

仮に、小規模、中規模、大規模などに分けるとすると、筆者の経験からは次のように位置づけています。大規模以上になるとメンテナンスを含めてかなり大変になります。

Webサイトの規模と総ページ数

規　模	総ページ数
小規模	100ページ以内
中規模	100～1,000ページ以下
大規模	1,000ページを超える
超大規模	10,000ページを超える

企業や商用サイトなどでは1万ページを超えることも多いですが、各ページをよく見ると、10年以上も前に作成されていて誰も見ていないようなページが存在していることもあります。上記の総ページ数の基準は、アクティブなページを前提としています。もちろん、同じ商品なのにカラーが異なるため、写真画像とともにページを別にするような店舗の1,000と、商品そのものが異なる500ページとではその重みも異なります。

ページ数のカウントの例

ページ数をカウントする例として、グーグルのsite:コマンドがあります。

例えば、shoeisha.co.jpのページ数を見るのに、グーグルの検索ボックスに、「site:shoeisha.co.jp」と入力して実行します。執筆時点で約2万3,000件と表示されています。site:コマンドは、グーグルが認識しているページの数なので、実際のページ数との誤差は生じますが、おおよその規模感はつかめます。site:コマンドを試してみてください。

第2章

Web独自のしくみ

～進化するWebサイトの裏側～

» Web技術の移り変わり

広がる利用領域

第1章ではWebに関する基本的なところを解説してきました。本章から技術的な観点も解説していきますが、初めにこの10年前後での変化を理解しておきましょう。

以前の情報システムはSoR（System of Record：記録のシステム）と呼ばれていて、利用する組織での管理を中心としていました。現在はSoE（System of Engagement：つながるシステム）のように、さまざまな組織や個人のつながりも視野に入れたシステムを目指す取り組みが増えています。

SoRからSoEの流れは、**閲覧中心であったWebサイトから、さまざまな情報を収集して活用するWebアプリやシステムへの変化**ともいえます。情報システム全体にこのような大きな流れがあることは頭に入れておいてください（図2-1）。

変わる開発スタイル

舞台裏の開発や運用については、本章で触れるとともに、第8章でも解説しますが、こちらも表舞台の変化とともに変わっています。

ゼロベースで開発する時代から、開発基盤やフレームワークを利用する、さらに、すでに存在するサービスやAPIも利用します。独自性や専用性を重視するしくみから、汎用性や可用性を重視するしくみに変化しています。プログラミングにこだわらず、コードをできるだけ書かないローコードやノンコードによる開発のスタイルです。背景には端末やネットワークが急速に多様化してきたことも挙げられます（図2-2）。

情報を活用することを目指すと、さまざまな情報やシステムとのつながりが重視され、それらの実現がさらなるつながりを生み出す好循環となって市場は拡大していきます。Web技術は時代を映す鏡のように変わっていきます。

次節から少し細かい目線で見ていきます。

図2-1 閲覧中心から情報活用への流れ

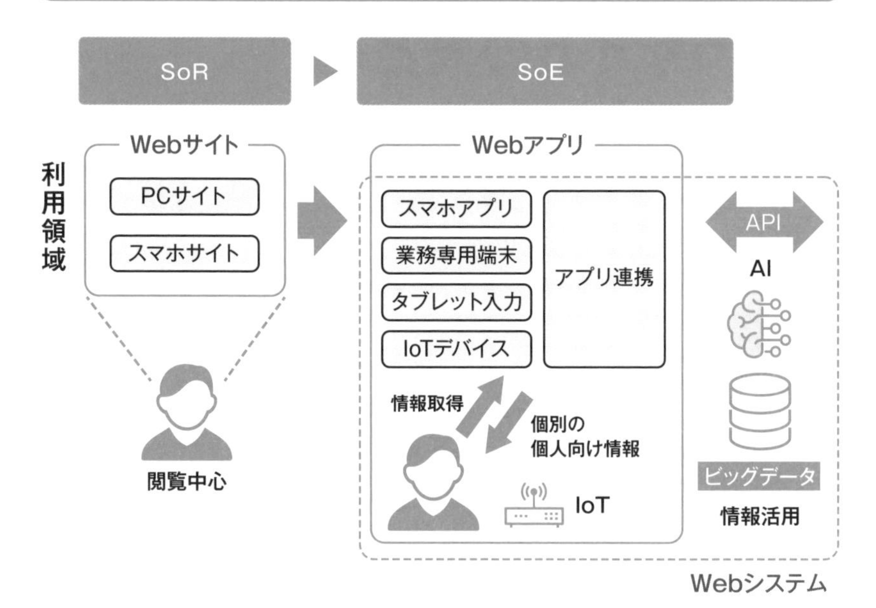

図2-2 開発スタイルの変化

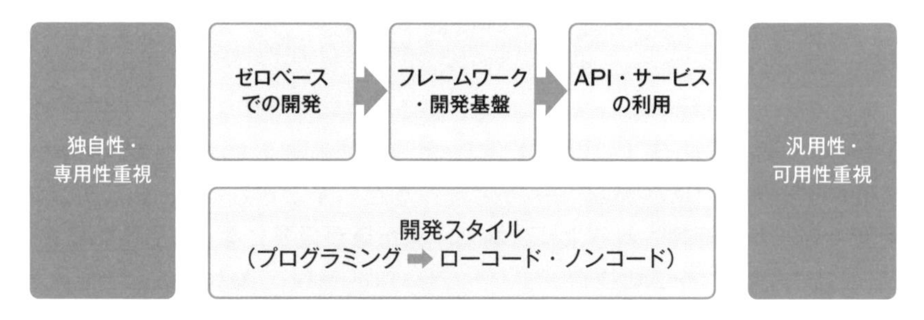

例えば、フロントの画面を作る際にゼロベースで作るのではなく、
Angular、React、vue.jsなどのようなフレームワーク（**2-10**・**8-4**参照）を利用する

Point

- Web技術は閲覧中心から、情報を活用することが中心になっている
- 舞台裏の開発もゼロベースでの開発から、フレームワークやサービスの利用などのように変わってきている

» Webサイトの表と裏

裏側はコードでできている

私たちが日常的に見ているWebサイトは、WordやPowerPointなどできれいに作成された文書や資料などのように見やすくて、さらにページによってはクールに、あるいは親しみを感じさせるなどの、サイトの作成者や運営者の意志を持ったデザインで表現されています。

ユーザー視点での見た目や見栄えとしてはそのような状況ですが、Webサイトの裏側を見ると、**定められた形式のコードで構成されています**（図2-3）。そのような意味合いでは、各種のプログラミング言語をもとにしてシステム開発をすることと何ら変わりありませんが、**2-1**で解説したようにコードを書くことは減っています。

それでは、Webサイトとそれ以前から存在する業務システムや情報システムと何が異なるのでしょうか。開発する側の視点で考えてみます。

見た目が重要なシステム

Webサイトを利用するシステムでは、ある程度の規模になると、必ずWebデザイナーが参画します。近年は、ユーザーが得られる満足する体験を設計するUX（User eXperience）デザインを目指すことも多く、**デザインや画面の導線が重要視されるようになり、見た目が重要になってきています。**一般的な業務システムのプロジェクトでは、ユーザーが操作する画面を美しく見せるために、専任のデザイナーが開発体制に入ることは、基本的にはありません（図2-4）。さらに開発では、コードを書いたら直ちに見え方を確認することを繰り返して完成に向けて進めることです。業務システムでは、設計通りの機能の実現に重きが置かれますが、Web開発の場合には、見た目と機能を両輪として進めていく特徴があります。また、後述しますが、セキュリティも重要です。

今後のシステム開発においても、デザイナーが参画する機会や見た目を重視する取り組みが間違いなく増えていくでしょう。

図2-3 Webサイトの表と裏

Webページの表

CT | 企業理念

Century Tableの企業理念

▶100年3世代以上で使えるテーブル
▶家族と歴史と今を穏やかに過ごす

Webページの裏

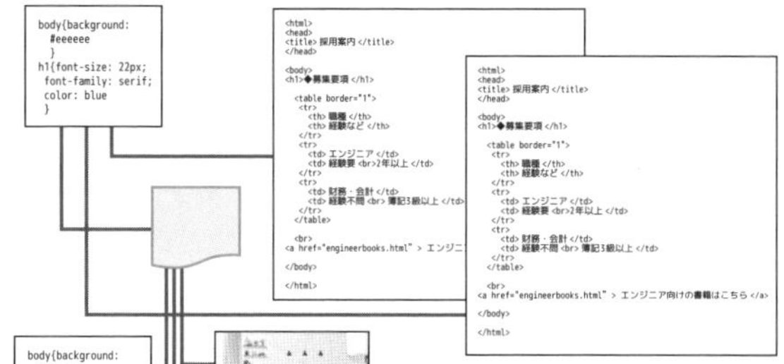

- 美しいページも裏側は、コード、画像、イラストの山！
- 大手企業のWebサイトなどは、百科事典のように山のようなコードと画像で構成されている

図2-4 Webでの開発体制の例

開発体制

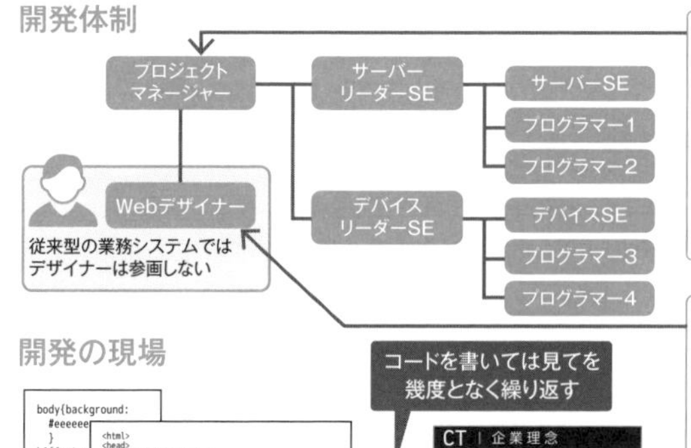

- Webシステムでは、「Webディレクター」と呼ばれることも多い
- デザイナーやSE、プログラマーをまとめて、指揮・管理を行う
- クライアントの要望を引き出して、最適なWebサイトやシステムの完成に導く

開発の現場

コードを書いては見てを幾度となく繰り返す

- 「Webデザイナー」も規模や機能によって次のように多岐にわたる
- **UXデザイン**：ユーザーが得られる満足する体験を設計
- **UIデザイン**：快適な見た目や使い勝手を設計
- **Webデザイン**：言語やツールで見た目を表現
- トップページの画像などに特化したデザインは上記に含まれる
- コピーライターのようなフレーズや文章のプロが参画することもある

Point

- Webサイトの見た目はきれいだが、裏側はコードの記述でできている
- Webシステムでは、ユーザーの体験や見た目を重視することから、ある程度の規模になると開発体制にWebデザイナーが参画する

Webサイトの表側のメイン

タグとハイパーリンク

1-1でWebページがハイパーテキストで作成されていて、リンク先を埋め込むことで別のページに移動できることをお伝えしました。**ハイパーテキストを記述するための言語**として、HTML（Hyper Text Markup Language）があります。HTMLは、「＜タグ＞」と呼ばれるマークを使って記述します。マークで文書構造を表現するのでマークアップ言語といわれることもあります。

例えば、「<title>採用案内</title>」と書かれていると、Webページのタイトルは採用案内であることがわかります。図1-11でも紹介しましたが、図2-5にテーブルタグを使った採用案内の例を示しています。

ハイパーリンクとして、エンジニア向けの書籍ページに行かせたい場合は、「<a href="engineerbooks.html">エンジニア向けの書籍はこちら</a>」のようなタグを埋め込みます。図2-5では、図1-11の採用案内にハイパーリンクを加えています。

HTMLで作成したページの拡張子をhtmlやhtmとして保存して、Webサーバーにアップロードすることで、HTML文書であることが識別されます。HTMLは作成したら保存するだけでコンパイルは不要です。

見え方・見せ方を意識したページ作り

HTMLを知っている人であれば、元のHTMLファイルを見ることでどのようなページかわかりますが、ブラウザはHTMLファイルを読み込んで、見やすく表示してくれます。ページやファイルを作成するときは、この見え方や見せ方を意識して記述することが重要です。

図2-6に、先ほどのaタグを初めとする、よく使われる基本的なHTMLタグをまとめています。

図2-5 ハイパーリンクを埋め込んだページの例

ハイパーリンクを埋め込んだHTMLページ

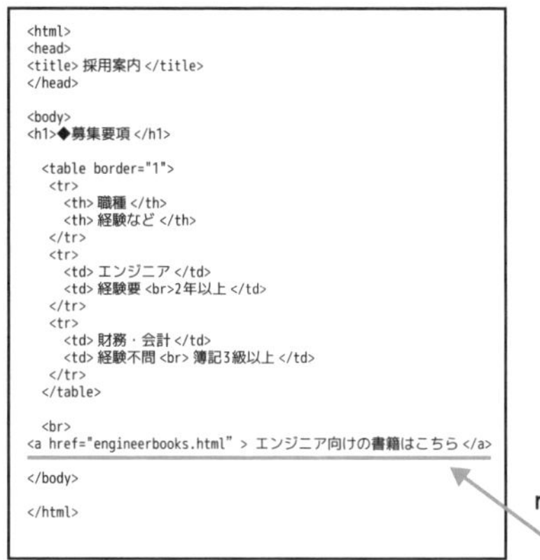

```
<html>
<head>
<title> 採用案内 </title>
</head>

<body>
<h1>◆募集要項 </h1>

  <table border="1">
   <tr>
     <th> 職種 </th>
     <th> 経験など </th>
   </tr>
   <tr>
     <td> エンジニア </td>
     <td> 経験要 <br>2年以上 </td>
   </tr>
   <tr>
     <td> 財務・会計 </td>
     <td> 経験不問 <br> 簿記3級以上 </td>
   </tr>
  </table>

  <br>
<a href="engineerbooks.html" > エンジニア向けの書籍はこちら </a>

</body>

</html>
```

Webページの見え方

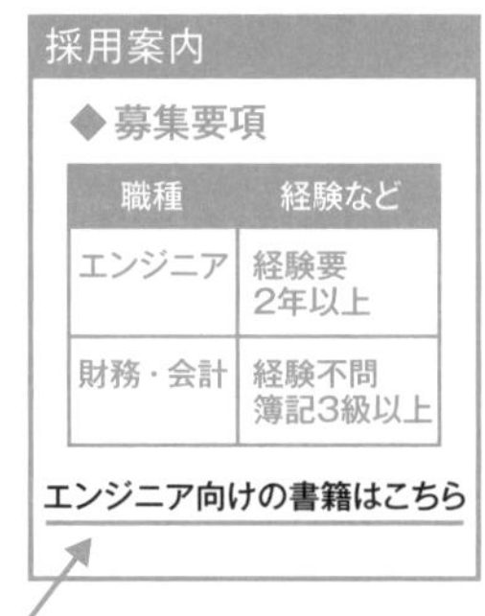

略称：href
（エイチレフ）

hypertext referenceの略

ハイパーリンク

ここでは、tableタグで記述する例を紹介しているが、近年は**2-4**で解説しているCSSのフレームワークの中のGRIDやtableで記述することが増えている

図2-6 よく使われるHTMLタグの一覧

タ グ	記述例	意味や使い方
a	<a href="リンクしたいページ ">表示したい文字</a>	ハイパーリンク
br	 	改行や行を開けたい場合
h	<h2>ページ内の見出し</h2>	見出しを別にしたい場合
header	<header>css（次節で解説）などで具体的に記述</header>	見出し、ロゴ、作者などの導入部を示す
hr	<hr>, <hr color="カラー名" width="50%">	線を引く
img	<img src="イメージファイル名 " width="横幅" height="高さ">	画像の挿入
meta	<meta>ページの説明など</meta>	ページの説明
p	<p>文章</p>	文章の段落やかたまり、パラグラフを示す
section	<section><h2>～</h2><p>～</p></section>	ページの中で個々の内容のまとまりを示す
table	<table> <tr><th>見出し1</th><th>見出し2</th></tr> <tr><td>データ1</td><td>データ2</td></tr> </table>	テーブル構造で文字や画像などを入れたい場合
title	<title>ページのタイトル</title>	タイトルの表示

- 「/」で閉めるタグと単独で使うタグがあるので注意すること
- title、meta、h、header、sectionは、ページそのものの見え方というよりも、文書の構成や検索エンジンからの検索結果の表示という点で重要なタグに位置づけられる

Point

- ハイパーテキストを記述する言語としてHTMLがある
- HTMLファイル内にハイパーリンクを記述して、別のページに移動することができる

» Webサイトの表側のサブ

Webページの見栄えをよくする

CSS（Cascading Style Sheets）は、スタイルシートとも呼ばれますが、WebサイトやWebページの制作に関心がある方であれば聞いたことのある言葉ではないでしょうか。CSSは主に**ページの見栄えや統一感を表現するために利用されます**。図2-7のように、必要最小限で小ぎれいにしている人と、シーンに合わせたクールな服装や装飾品などを身につけている人では、間違いなく右側の方が多くの方に支持されるでしょう。

数枚程度のWebページであれば、個々のHTMLファイルでページの装飾を定義しても問題はありません。CSSは、ページ数が多い、HTMLファイル内のコードを簡素化したい、少し凝ったレイアウトのページにしたいなどの、さまざまなニーズから、多くのWebサイトで利用されています。別の背景として、2016年のHTMLのVersion5登場以降、文字などの装飾をCSSで指定するのが基本となったこともあります。基本的には、HTMLファイルとは別のCSSファイルを作成して、見栄えだけを変更するのであれば、CSSを修正するようにします。

CSS利用に際しての留意点

重要なのは、図2-8のように、**個々のHTMLファイルの中で、CSSファイルを参照するタグを記述して、HTMLとCSSファイルの双方のひもづけをすること**です。また、CSSファイルではHTMLと異なり、プログラミング言語でおなじみの、「{ }」（中カッコ）、「:」（コロン）、「;」（セミコロン）、「,」（カンマ）などを使って記述します。ページのデザインとして、レイアウト、文字の装飾、背景など、さまざまなニーズへの対応ができます。後述しますが、フレームワークなどを利用することも多いです。

大手企業のWebサイトなどで、大量のページがあるにもかかわらず洗練された統一感が示されている、ディテールのレイアウトが美しい、といったときにはCSSが貢献しています。

図2-7 見た目で印象は変わる

小ぎれいにしている人

シーンに合わせた服装や
装飾品を身につけている人

一般的なビジネスシーンでは、右の二人が好まれるように見た目は重要！

単純に作成しただけのページ

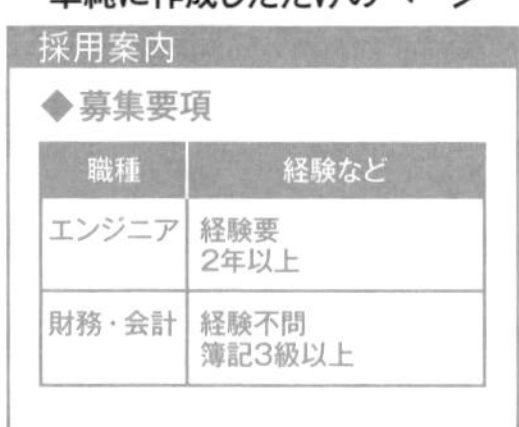

クールに仕上げたページ

- Webページも見た目が重要で明らかに右の方がクールで好まれる！
- 実際の開発ではビジュアルや画面の動作などを設計してからCSSの記述に入る

図2-8 CSSファイルの作成と利用の例

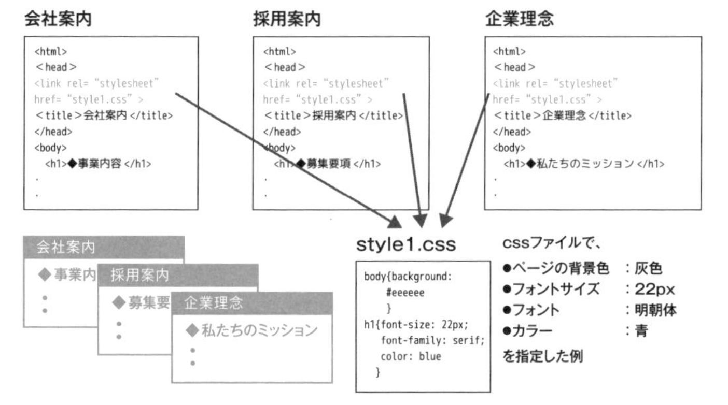

- cssファイルを別ファイルとして外に置いて、各HTMLページから参照する例
- 各ページ内でスタイルを定義する方法もあるが、ページ数が多い場合はこの方法が主流となっている
- 上記のようにCSSを記述することもあるが、Bootstrapなどのフレームワークや、効率的にCSSを定義できるSass（**6-2**参照）などを利用することもある

Point

- CSSはWebサイト全体の見栄えや統一感を出すために、多くのWebサイトで利用されている
- HTMLよりは記述が難しくなることと互いのひもづけには注意したい

変化しないページと変化するページ

静的ページと動的ページ

HTMLで作成されたページは、形式に従って記述された文書がWebページに表示されるしくみとなっています。Webページをきれいに見せるためにCSSも使いますが、いずれも**記述された文書の表示が主体となる固定的な動きのないページ**で、**静的ページ**と呼ばれることもあります。

静的ページと対照的な言葉として**動的ページ**があります。動的ページは、**ユーザーからの入力やユーザーの状況に応じて、出力する内容が動的に変化するWebページ**です。図2-9のように、ブラウザからサーバーにデータが渡されると、サーバー側で実行された処理の結果が出力されるしくみです。

動的ページの例

動的ページの代表例として次のものが挙げられます（図2-10）。

- **検索エンジン**
  ユーザーが検索のキーワードをブラウザで入力して、サーバーがそのキーワードを含むWebページを案内します。
- **掲示板・SNS**
  ユーザーがコメントを書き込むたびにコメントの表示が増えていきます。
- **アンケート**
  アンケートに回答すると、回答内容の確認やお礼、速報結果が表示されます。
- **オンラインショッピング**
  商品ページで、あるユーザーが商品を購入すると、次のユーザーが見るときには在庫数が減っている、あるいは在庫なし、などの表示に変わります。

上記の例から、実は動的ページが現在のWebらしさ、あるいは主役であることがわかります。

図2-9 静的ページ、動的ページの例

会社案内、企業理念などは静的ページの典型
➡ **誰が見ても同じ内容のページ**

動的ページは、ユーザーからの入力や状況に応じて内容が動的に変化する
➡ **人や状況によって表示が異なるページ**

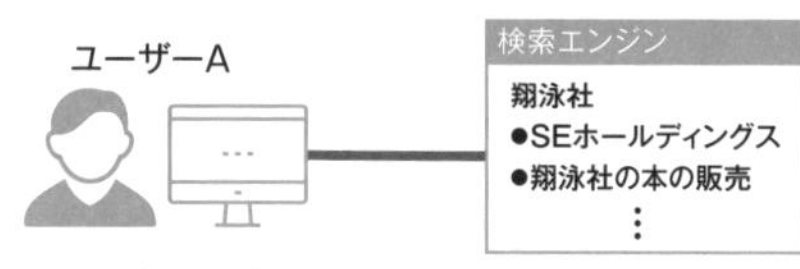

●ユーザーAが「翔泳社」と入力
翔泳社関連の代表的なページが並ぶ

●別のユーザーは別のキーワードを入力
別の結果が表示される

●ユーザーBの緯度と経度情報が自動的にアップロードされて入庫可能な駐車場の情報が提供される

●別の場所にいるユーザーには別の情報が提供される

図2-10 動的ページの代表例

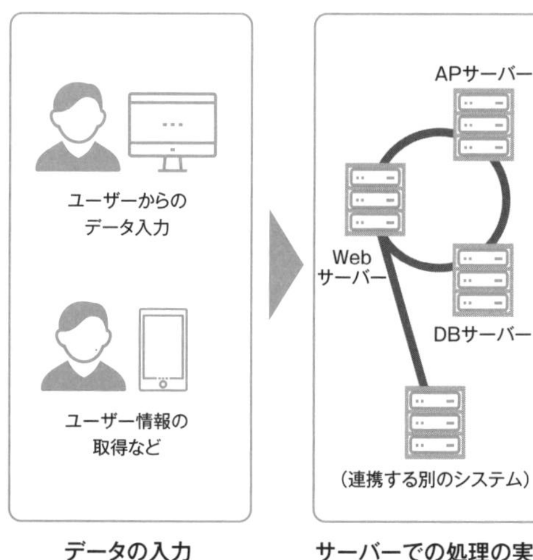

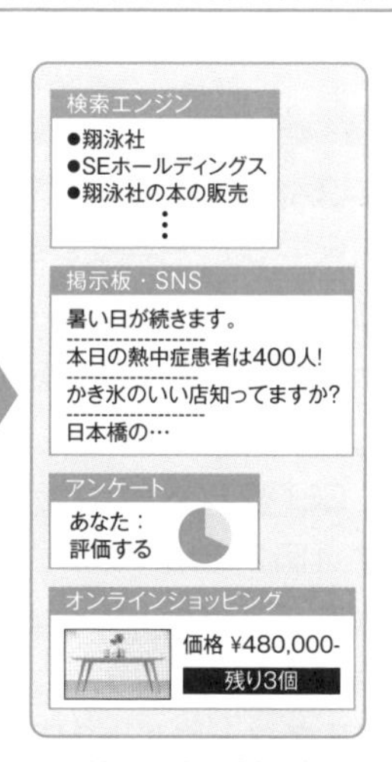

Point

- 表示が主で変化しないページは静的ページと呼ばれている
- 表示がユーザーのデータ入力や状況によって変化するページは動的ページと呼ばれており、現在のWebサイトの主役である

Webサイトの裏側① HTTPリクエスト

HTTPプロトコルの概要

私たちが、何気なく入力している「http」は通信プロトコルの一種で、いわゆるTCP/IPプロトコルの一部です。先にHTTPプロトコルの概要について説明します。

電話との対比で考えてみます。電話による通信では電話番号を指定しますが、**HTTPでは一意のURLを相手として指定して通信をします**。また、電話では一度相手に接続したら切るまでデータのやりとりをしますが、HTTPでは1回ごとに相手とのやりとりを完結させるステートレス(Stateless)という特徴があります（図2-11）。

ブラウザからのリクエスト

1-3でも解説したように、HTTPを利用してWebページを閲覧する際は、Webページにデータを要求して応答を得ていますが、もう少し細かく整理すると、HTTPメッセージの中で、HTTPリクエストとレスポンスが実行されます。これらが1対1の関係でステートレス性が担保されています。

このHTTPリクエストにはさまざまなものがありますが、代表例として、**GETやPOSTなどがあります**。これらはHTTPメソッドと呼ばれています（図2-12）。ブラウザからWebサーバーにどのようなリクエストを送るかをメソッドで表します。多少まるめておさらいをすると次の通りです。

HTTPプロトコル > HTTPメッセージ >
HTTPリクエスト > GETやPOSTなどのHTTPメソッド

20～25年前はPOSTメソッドがWebサイトをリードしていたことから、Webに関連する古い書籍などでは必ずといっていいほど、上記の解説がありました。

図2-11 HTTPプロトコルの特徴

相手の電話番号 03-3XXX-XXXXを指定

相手のURL www.shoeisha.co.jpを指定

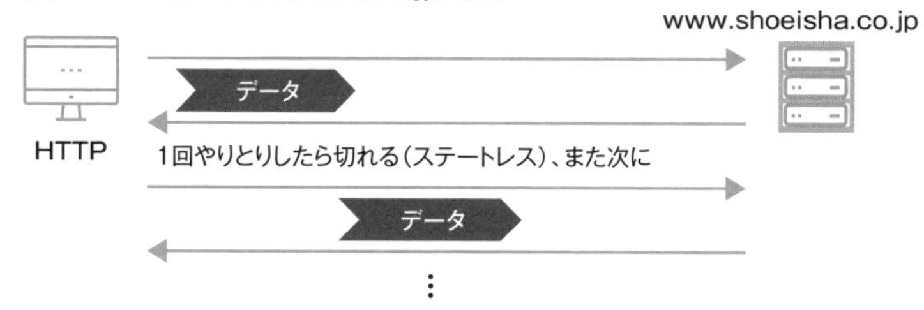

図2-12 HTTPリクエストのメソッド～GETとPOSTの例～

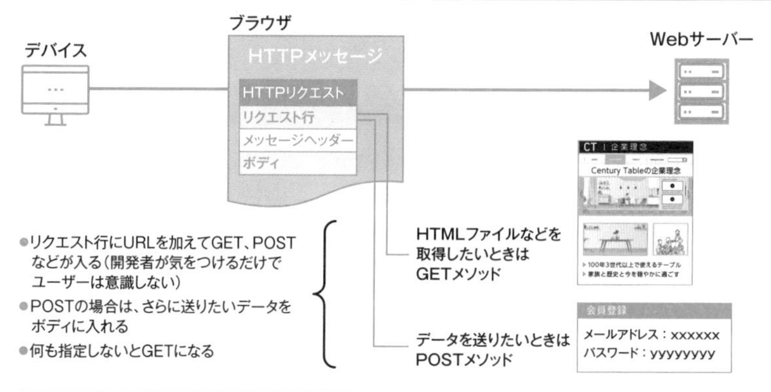

HTTPメソッドの例	概　要
GET	HTMLファイルや画像などのデータ取得
HEAD	日時やデータサイズなどのヘッダー情報のみを取得
POST	データを送りたいときに利用
PUT	ファイルを送信したいときに利用
CONNECT	別のサーバー経由で通信

メッセージヘッダーには、次の情報などが含まれている

- ●ブラウザの情報など（User-Agent）
- ●どのページから来たか（Referer）
- ●更新の有無（Modefied/None）
- ●Cookie（**2-13**で解説）
- ●受け取りの希望（Accept）

Point

- ✐HTTPは通信プロトコルの一種で、一意のURLを相手としてデータのやりとりを行う
- ✐HTTPのリクエストにはGETやPOSTなどのメソッドがある

Webサイトの裏側② HTTPレスポンス

リクエストに対するレスポンス

HTTPリクエストで受けたブラウザからの要求に対して、Webサーバーは応答します。HTTPリクエストに対してHTTPレスポンスと呼ばれています。

HTTPレスポンスもHTTPリクエストの裏返しのように、主にレスポンス行、メッセージヘッダー、ボディから構成されています（図2-13）。

レスポンス行には、**リクエストを送った相手側のWebサーバーの情報や、リクエストがどのように処理されたかどうかを示す**ステータスコードが含まれます。

ステータスコードの概要

ステータスコードは、図2-13のように、200のOKが表示されると安心です。

ステータスコード200はリクエストが正常に処理されたことを表しているからです。しかしながら、成功した場合はブラウザで適切にページが表示されるので、ステータスコードの200が見えるわけではありません。

ステータスコードは開発者でなくても理解できていると、「なぜ、このページにアクセスできないのか」の理由が想定できます。

ステータスコードは図2-14のように、100から500番台までさまざまなものがあります。

中でも、私たちがブラウザで実際に目にすることが多いのは、404のエラー表示です。404はリクエストに問題があって正常に処理できなかったことを示すコードです。主にURLの入力ミスや、リンク先が変わっているなどの、リクエストのページが見つからないときに表示されます。

400番台のときは見ようとする側やURLに問題がある、500番台のときはサーバー側に問題があると覚えておけばよいでしょう。

続いて、開発者ツールで実際のメッセージやメソッドを確認してみます。

図2-13 **HTTPレスポンスの概要**

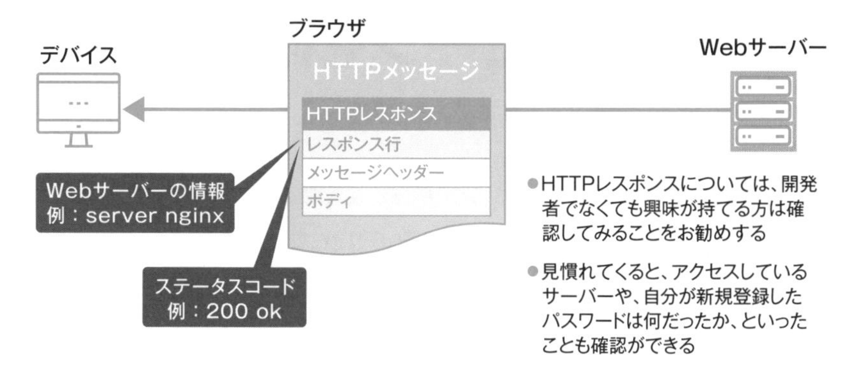

●HTTPレスポンスについては、開発者でなくても興味が持てる方は確認してみることをお勧めする

●見慣れてくると、アクセスしているサーバーや、自分が新規登録したパスワードは何だったか、といったことも確認ができる

図2-14 **主なステータスコード**

●ステータスコードの詳細は開発者ツールで確認することができる
●ブラウザで実際に目にするのは、Not Foundの404やForbiddenの403が多いが、たまに50xや30xを見る可能性もある

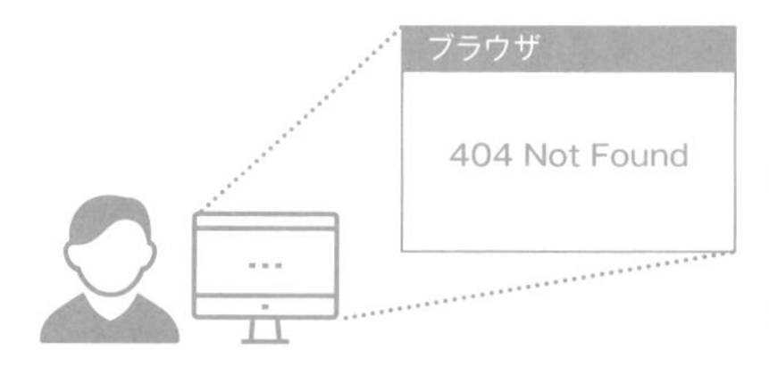

●決して見たいメッセージではないが、URLの入力ミスやリンク先が移っていたりすると404の画面を見ることがある
●403は認証の失敗

ステータスコード	概　要
100	追加情報があることを示す
200	リクエストが正常に処理されていることを示す
301、302など	リクエスト先の移動や別の場所へのリクエストを示す
403、404など	●リクエスト先が見つからず、処理できないことを伝える ●400でリクエストが不正と伝えることもある
500、503など	サーバー側の問題で処理できないことを伝える （サーバー自体のエラーやアクセスによる負荷など）

Point

✎HTTPレスポンスではWebサーバーの情報やリクエストが正常に処理されたかどうかなどがわかる

✎ステータスコードがわかるとブラウザに表示されるエラーの理由もわかる

» HTTPメッセージを確認する

Google Chromeの例

2-6・2-7を踏まえて、実際のHTTPのリクエストやレスポンスなどを見てみます。ブラウザのデベロッパーツール（開発者ツール）で確認ができます。ここでは、Google Chromeの画面を例に取ります。

翔泳社のWebサイトのトップページを見たときに、初めに、ブラウザがどのようなリクエストを上げているのか確認してみます。

図2-15では、URLを入力あるいはリンクから、ページの閲覧をしているだけなので、メソッドはGETになっています。Status Codeの200のOKは、リクエストが正しく処理されている＝正しく見えている、という状態を示しています。さらに下に移動すると、レスポンスもわかるようになっていて、Webサーバーの概要もつかむこともできます。

レスポンスタイムの重要性

続いて図2-16でPOSTの例を見てみます。SEshop.comのトップページの右下のボタンからリンクしている新規会員登録のページです。

こちらのRequest MethodはPOSTになっています。下にスクロールしていくとPOSTで実際に送ったデータを確認することもできます。

ブラウザのデベロッパーツールはChromeでなくとも、おおむね同じような項目を見せてくれます。開発者でなくても知っていると便利なことが多いので、**ツールの存在を意識しておきましょう**。開発者はリクエストとレスポンスに加えて、後述するレスポンシブ対応やブレークポイントの確認などでも利用しています。

Webサイトの運営者や開発者の立場で最も気になる項目のひとつとしては、上部に表示されるレスポンスタイムです。図2-15のトップページの例では多数の画像などから、かなり時間がかかっています。画像が多いページは体感でも遅いと感じるように、すべての要素が表示されるまでに時間を要します。

図2-15 ページの閲覧の例（GETメソッド）

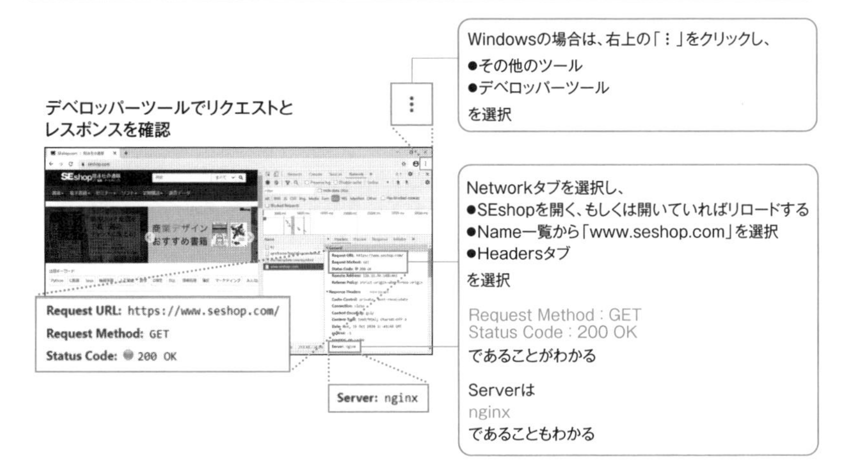

図2-16 会員登録のページの例（POSTメソッド）

会員登録ページでの入力をデベロッパーツールで確認

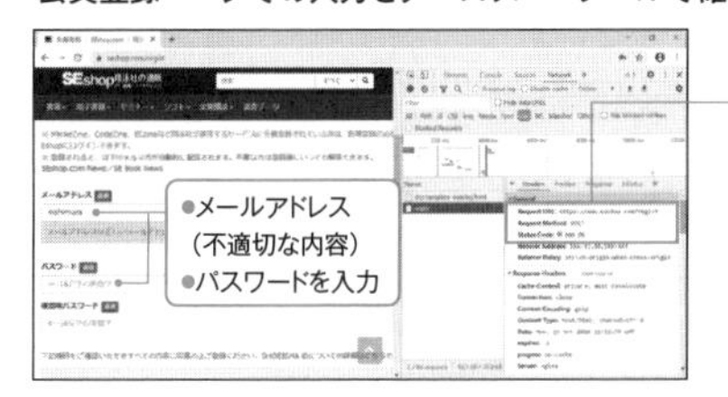

Request Method：POST
Status Code：200 OK
であることがわかる

入力されたデータは不適切だがリクエストと
レスポンスは適切に処理されているのでOKに

入力・送信データをデベロッパーツールで確認

レスポンスがよくない場合には、画面そのものの描画、サーバー、ネットワークなどのさまざまな要因があるので、何が原因かを正しくつかむことが開発者には求められる

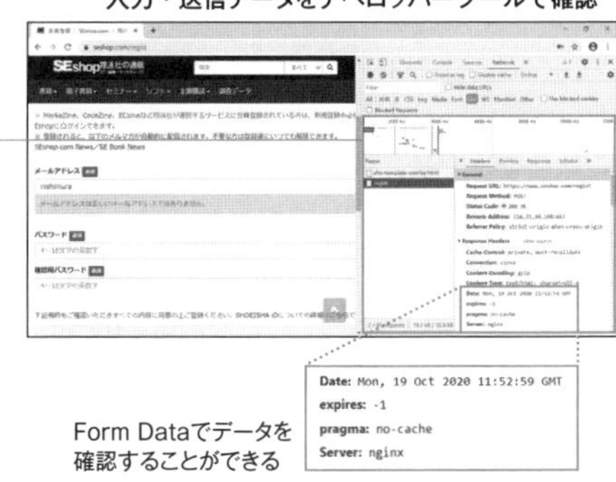

Date: Mon, 19 Oct 2020 11:52:59 GMT
expires: -1
pragma: no-cache
Server: nginx

Form Dataでデータを
確認することができる

Point

- ブラウザに実装されている開発者向けツールの存在は意識しておきたい
- デベロッパーツールの見方の概要を知っておきたい

プログラムの起動

動的ページのトリガー

HTTPでは、ブラウザからのリクエストに応じて、Webサーバーからのレスポンスが実行されることを解説してきました。中でも**動的ページでは、データの入力→処理の実行→結果の出力・表示**となります。これらの一連のプロセスのゲートウェイでもありトリガーとなるしくみは、CGI（Common Gateway Interface）と呼ばれています。

データを入力して処理を求める場合などは、ブラウザ側では入力されたデータを送る際に、WebサーバーにあるCGIプログラムを同時に呼び出します。開発者の視点でいうのであれば、HTMLファイルなどに起動するCGIのファイル名をあらかじめ入れておきます。そして、図2-17のように、CGIプログラムが起点となって処理を実行し、結果の出力も行われます。

図2-17は、**2-6**で解説したHTTPリクエストのメソッドの中では、POSTの例を示しています。

CGIの使われ方

CGIは静的ページが多数派だった時代に、どうやって動的なページを実現するかの取り組みの中で生まれてきたしくみです。実態としては、図2-18の環境変数のように細かい仕様が定義されています。Webサーバーであれば基本的にはCGIに対応しています。

しかしながら、CGIでは、1回1回別のプログラムの起動やファイルのオープンやクローズなどを必要とするため、**多数のユーザーを相手にする大規模なWebサイトの処理には向かないこともあります。**

CGIはサーバー側でリクエストを受け取ってプログラムが実行され、動的な結果を返す典型的な例のひとつですが、現在ではCGI以外でも同じことが実現できる言語や方法が数えきれないほどあります。有名なところではRubyやPythonなどが挙げられます。

図2-17 CGIの役割

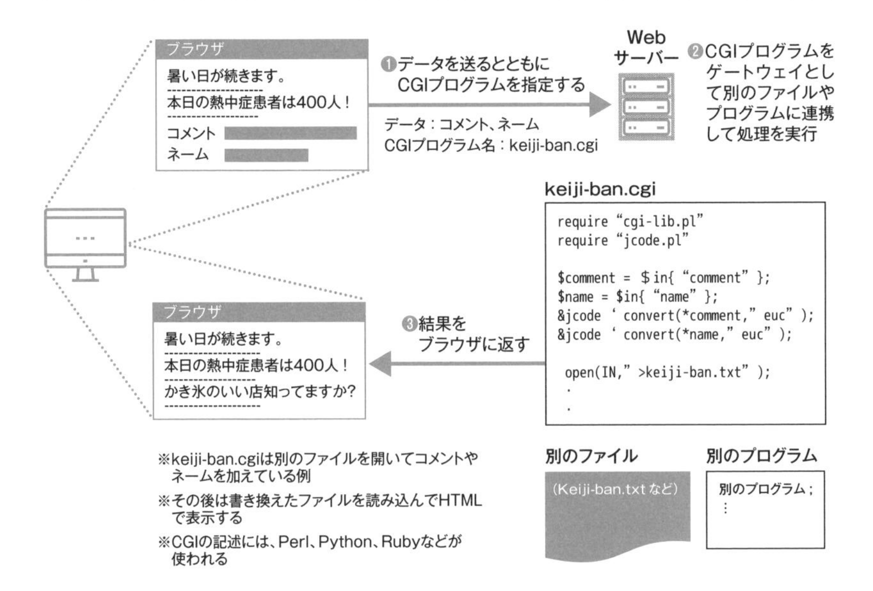

図2-18 CGIの環境変数の例

- CGIは、アメリカの研究機関のNCSA（National Center for Supercomputing Applications）などで定義されてきたので、実態としては細かい仕様がある
- 一例として、環境変数を見ると必要なことがしっかりと定義されていることがわかる
- CGIプログラムがブラウザを通じて呼び出されるときに発生するさまざまな情報が環境変数に代入される
- $ENV{'環境変数名'}などで必要な情報を取り出すことができる。

環境変数の例	概　要
REMOTE_HOST	ブラウザのユーザーが接続しているサーバー名
HTTP_REFERER	CGIプログラムを呼び出したページのURL
HTTP_USER_AGENT	CGIプログラムを呼び出したブラウザの情報
QUERY_STRING	GETメソッドであるデータを送る場合のデータ
REMOTE_HOST	ブラウザのユーザーが接続しているサーバー名
REQUEST_METHOD	POSTかGETが入る
SERVER_NAME	CGIプログラムを実行しているWebサーバーのホスト名やIPアドレス
SERVER_PROTOCOL	HTTPのバージョン

Point

- 動的ページでパターン化されているタイプはCGIが利用されることも多い
- 多数のユーザーを扱うWebシステムなどでは、別のしくみが利用される

クライアントとサーバーを分ける考え方

Web開発に固有の技術

2-9のCGIもそうですが、**動的な処理を実行するため**には、HTMLのような表示を指示するマークアップ言語ではなく、処理を実行する**スクリプト言語**を利用してWebシステムの開発をします。そのときに、クライアント側で動作させるクライアントサイドのスクリプトをもとにした技術と、サーバー側で動作させる技術があります。

ここから解説するWebシステムを中心に発展してきた技術は、ブラウザやインターネットを利用しない業務システムなどで使われることはありません。ブラウザからインターネットでWebサーバーを中心とした各種のサーバーに接続する、あるいはAPIなどを利用する技術です。

先にクライアント側から紹介すると、JavaScriptやTypeScriptなどが挙げられます。少し複雑な動きをするページで利用されます。

サーバー側では、CGI、SSI、PHP、JSP、ASP.NETなどがあります。後ろにいくに従って難易度が上がりますが、やりたいことが何でもできるようになります。JSPやASP.NETなどは比較的大規模なWebシステムで使われます。それぞれの技術の特徴などを図2-19に簡単に整理しています。もちろんこれら以外にもありますが、あくまで近年の代表的な例として捉えてください。

ブラウザで処理が実行できる

図2-19を踏まえた上で、図2-20にそれぞれの技術の位置づけを整理しています。左側にユーザーインタフェースに近いHTMLやCSSを置いてみました。Node.jsを利用するとJavaScriptをサーバー側で使うこともできます。

さまざまな技術がありますが、**規模の大小ややりたいことの細かさや複雑さによって、選択されるWeb技術は異なります。**

図2-19 Web独自の技術の概要

	Web独自の技術	特　徴	開発元
クライアントサイド	JavaScript	●クライアントサイドの代表 ●記述の形式がHTMLやCGIに近いのでわかりやすい	Netscape
	TypeScript	●JavaScriptと互換性があり大規模アプリでも利用できる ●これから本格的に学びたい方にお勧め	Microsoft
サーバーサイド	CGI（Common Gateway Interface）	今でも使われている動的ページの基本のフレームワーク	NCSA
	SSI（Server Side Include）	●HTMLファイルにコマンドを埋め込み、簡単な動的ページが作成できる ●以前は訪問者カウンターや日時表示のスタンダードとして利用されていたが、現在は使われていない	NCSA
	PHP	HTMLファイルと相性がよく、ショッピングサイトなどで幅広く利用されている	The PHP Group
	JSP（Java Server Pages）	●Javaプラットフォームであればこちら ●大規模Web開発といえばJSPかASPとなりつつある	Sun
	ASP.NET（Active Server Pages）	マイクロソフトの技術をフル活用したWebシステムのフレームワーク	Microsoft

●それぞれの領域に強い開発用のフレームワークがある
●JavaScriptの例：JQuery、vue.js、React、Angular　※Angularはグーグルが開発
●CGIの例：Catalyst（Perl）
●JSPの例：Struts、SeeSea（いずれもJava）
●その他に、Django（Python）やRuby on Rails（Ruby）などがある
※（ ）はプログラミング言語

図2-20 Web独自技術の位置づけの例

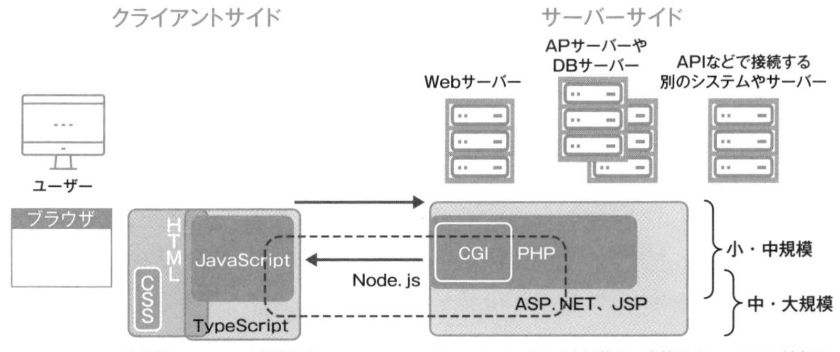

●TypeScriptは大規模システムにも対応可能
●クライアントサイドはブラウザが利用されなければ使われない技術
●Node.jsはサーバーサイドでJavaScriptの実行環境を整えるプラットフォームで、JavaScriptやTypeScriptがサーバーサイドでも使えるようになる
●ASP.NETやJSPは大規模かつ広範囲なシステムに対応可能なプラットフォーム

Point

- 動的な処理でパターン化されているものは利用される技術がおおむね決まっている
- 規模の大小や、やりたいことの細かさで利用する技術は異なる

» クライアントサイドのスクリプト

ブラウザで処理が実行できる

CGIを初めとするサーバーサイドのスクリプトは図2-17でも見たように、サーバー側で処理を実行しています。クライアント側ではどのようなことができるのかということですが、図2-21のJavaScriptの例を見てください。ユーザーのメールアドレスとパスワードを入力する例ですが、**ブラウザ側で入力されたデータの基本的なチェックをしています。**

端的にいえば、ブラウザ側で処理が完結することになります。ここでは簡単な例なので、入力項目がブランク、必須となる文字列の有無のチェックなどの例としていますが、JavaScriptで完結できています。

図2-17のCGIの例などとも比較して見ると、やりたいことに対して、どのような処理が適切なのかがわかります。

JavaScriptとTypeScript、ASP.NETの原型

JavaScriptは1990年代から現在に至るまで使われ続けています。

それに対して、TypeScriptはマイクロソフトが2010年代前半に発表した比較的新しいプログラミング言語です。もちろんJavaScriptと互換性を持ちながら、機能強化されたような仕様になっていること、さらに業界に影響力のあるグーグルでも利用が推奨されていることなどから、**今後の利用の拡大が見込まれます。**

ASP.NETはマイクロソフトが誇るインターネットを利用するシステム開発のプラットフォームですが、その原型は1990年代後半に誕生したASP（Active Server Pages）にあります。図2-22に当時を再現していますが、古いWebアプリの場合には、これらのソフトウェアの名前が出てくることがありますので参考にしてください。

図2-21 JavaScriptの例

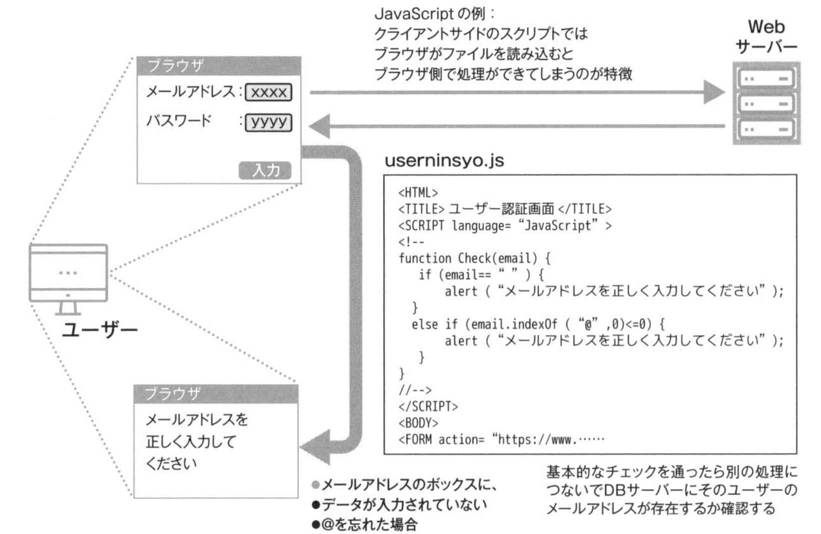

図2-22 1990年代後半におけるマイクロソフトのASPの概要

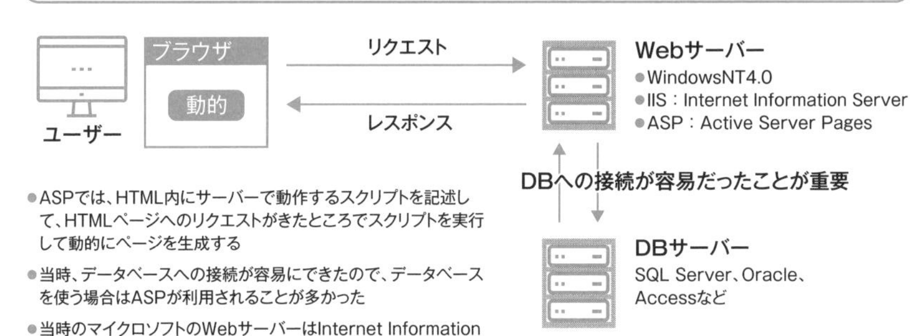

- ASPでは、HTML内にサーバーで動作するスクリプトを記述して、HTMLページへのリクエストがきたところでスクリプトを実行して動的にページを生成する
- 当時、データベースへの接続が容易にできたので、データベースを使う場合はASPが利用されることが多かった
- 当時のマイクロソフトのWebサーバーはInternet Information Server (IIS)
- ASPでは記述用の言語として、VBScriptやJavaScriptが利用されていた

Point

- JavaScriptを利用するとさまざまな処理をブラウザ側で実行できる
- TypeScriptは今後、利用の拡大が想定される

サーバーサイドのスクリプト

PHPとCMSの関係

PHPはサーバーサイドの技術の中でも、最も重要な存在です。その理由は、CMS（Content Management System：コンテンツ管理システム）と呼ばれている**Webサイトのパッケージソフトでよく使われている**ことによります（図2-23）。

CMSで有名なWordPressやECに特化したEC-CUBEなども、基本部分はHTMLとPHPでできています。専門的なプログラミングの知識がなくても、見栄えのよいサイトやブログを短期間で簡単に作成できます。現在は準大手や中堅企業などの、有名な商品やサービスを提供している企業の過半数がCMSを利用しているともいわれています。**それらの裏側は大量のPHPファイルで構成されています。**したがって、PHPはゼロからWebサイトを立ち上げるために学ぶというよりは、既存の優れたパッケージに独自の修正（カスタマイズ）を加えることができるようにするために学ぶと考えた方がわかりやすいかもしれません。

PHPの利用例

PHPはサーバーサイドで動作しますが、HTMLの記述にPHPを埋め込んで使うことができるので比較的簡単にコードを書くことができます。また、図2-21のような基本的なデータのチェックを終えた後で、図2-24のようにPHPがデータベースに問い合わせて結果を戻すなどのような処理にも向いています。

前段でPHPは修正ができることが望ましいと述べましたが、例えば図2-24では、前のファイルを受けて、user_touroku_arinashi.phpというPHPファイルがデータベースを検索しています。このようにどのPHPファイルが処理の前後の関係とともに何の処理を担当しているか、具体的に操作している変数は、などを理解するのがポイントです。特に、結果や変数の表示などをカスタマイズしたいケースはCMSの利用の中で非常に多いことから心にとどめておいてください。

図2-23 **CMSの概要**

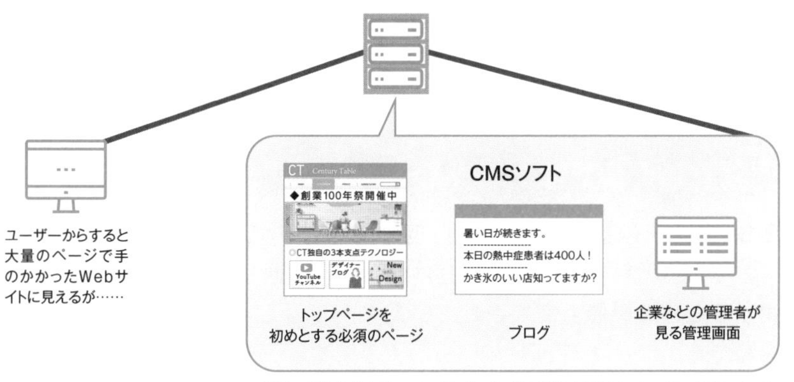

- CMSでは基本的なWebページ、ブログ、管理機能などがパッケージングされている
- 総合的なWordPressやEC向けのEC-CUBEなどが有名で、WordPressはCMSのシェアで8割を超えているともいわれている
- 個人や小規模サイト向けにはwixなどがある
- 導入する側はコンテンツとWebサーバーがあれば短期間でWebサイトが開設できる
- CMSの多くはPHPファイルで構成されている

図2-24 **PHPの利用例**

user_touroku.js

```
<HTML>
<TITLE> ユーザー認証画面 </TITLE>
<SCRIPT language= "JavaScript" >
<!--
function Check(email) {
   if (email== " " ) {
        alert ( "メールアドレスを正しく入力してください" );
  }
  else if (email.indexOf ( "@" ,0)<=0) {
        alert ( "メールアドレスを正しく入力してください" );
    }
}
//-->
</SCRIPT>
<BODY>
<FORM action= "https://www.……
  ⋮
```

email
（メールアドレス）
PW
（パスワード）

user_touroku_arinashi.php

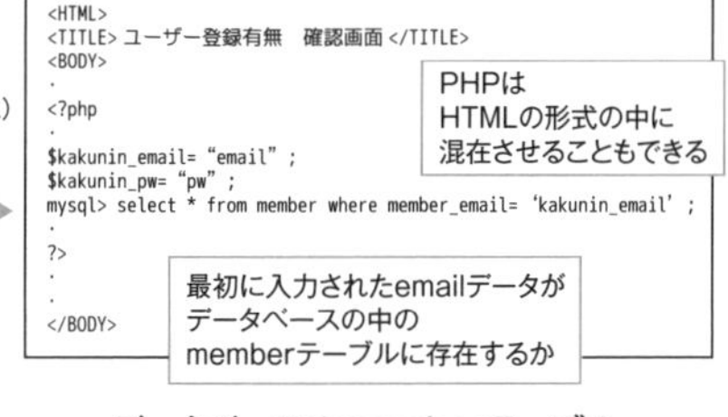

```
<HTML>
<TITLE> ユーザー登録有無　確認画面 </TITLE>
<BODY>
.
<?php
.
$kakunin_email= "email" ;
$kakunin_pw= "pw" ;
mysql> select * from member where member_email= 'kakunin_email' ;
.
?>
.
.
</BODY>
```


データベースのmemberテーブル

member_email	member_pw

Point

- PHPはサーバーサイドの技術ではよく使われている
- PHPはCMSを構成するファイル群の中でも大きなウエイトを占めている

再接続を支援するしくみ

便利なしくみではあるが……

2-6でHTTPは基本的に、1回1回のやりとりで切れるステートレスなしくみであると解説しました。基本的にはその通りなのですが、**再接続を支援するための機能**も実装されています。

通称でCookieと呼ばれているしくみです。正式名称はHTTP Cookieですが、Webサーバーがブラウザに対する、HTTPレスポンスの中にCookieを含めて送信します。

ブラウザがCookieを送ってきたWebサーバーに再びアクセスすると、Webサーバーはそのcookieを読み取って、「先ほどの方（ブラウザ）」、あるいは「この前の方（ブラウザ）」、もしくは「あのサイトから紹介された方」というように、一見（いちげん）のユーザーとは異なる対応をします（図2-25）。

利用に際しては、ブラウザ側でCookieを含めたやりとりを許容する設定をする必要があります。ショッピングサイトなどで便利になる反面、しつこいと感じる商品の売り込みや、悪意のある第三者に読み取られた場合になりすましの危険性などもあり得ることから、注意が必要です。

ブラウザでの確認

Cookieは有効期限を設定しないと、ブラウザを閉じたときに削除されます。有効期限を設定した場合には、一定の期間残すことができます。業界では、Webサイトのアクセスや商品・サービスのマーケティングなどのさまざまなシーンで利用されていますが、Webサーバー側にはセキュリティ対応や個人情報保護の観点が求められます。Cookieは図2-26のように、**ブラウザで簡単に確認することもできます**。もちろんデベロッパーツールで見ることもできるので、お使いのブラウザなどで確認してみてください。図2-26でこのしくみのすごさとある種の怖さを垣間見ることができます。

図2-25 ショッピングサイトのテナントの例

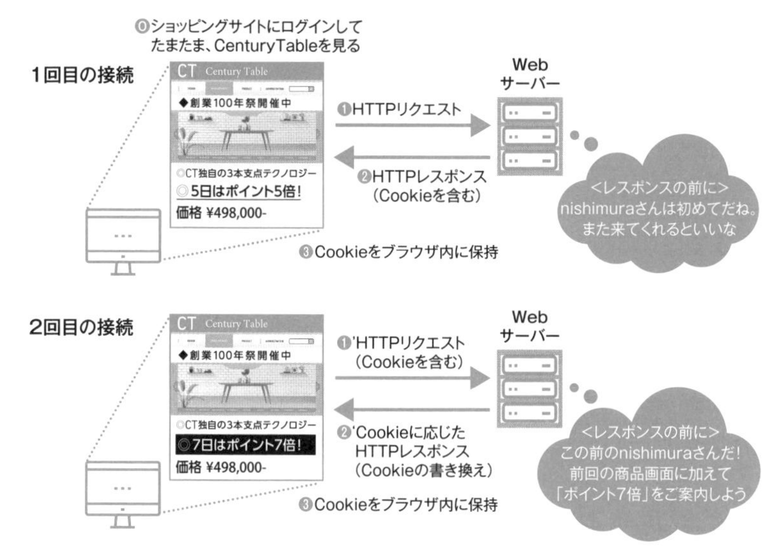

※ユーザーの立場としては、適当なタイミングでCookieを削除した方がよい

図2-26 Cookieの確認の例

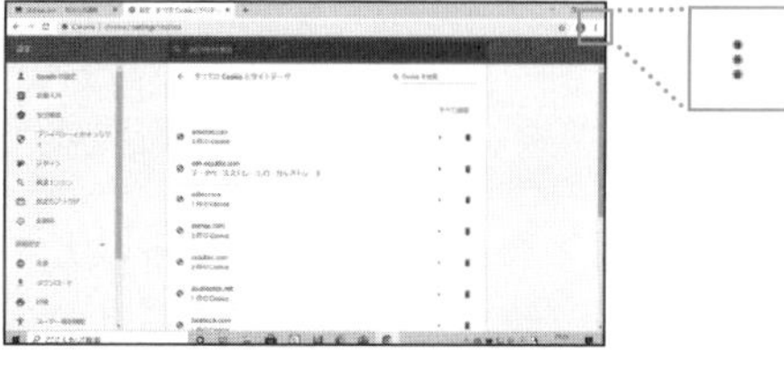

- WindowsのChromeは右上をクリック→設定→プライバシーとセキュリティ→Cookieと他のサイトデータ、の順に選択する
- この例ではSEshop.comの閲覧にもかかわらずAmazonやFacebookなどのCookieが入っている。Webマーケティングではよくあること

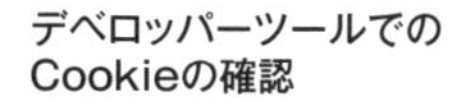

- Applicationタブ
- Storageペイン
- Cookies

の順にクリック

多数のCookieが並んでいる

※2020年6月に成立した改正個人情報保護法では、企業が個人とクッキー情報をあわせて利用する場合には個人の同意を得ることが義務づけられている

Point

- ブラウザとWebサーバーの間では再接続を支援する機能も実装されている
- Cookieはブラウザで確認することができるので適宜見ておいた方がよい

一連の処理の開始から終了までの管理

サーバーサイドで接続の流れを管理するしくみ

2-13ではCookieについて解説しました。Cookieがあることで、ステートレスで1回1回切れてしまうHTTPの再接続を支援してくれていますが、サーバーやWebアプリ側では**セッション**（Session）で管理しています。

セッションは、端的には処理の開始から終了までを意味します。Webシステム開発の観点では、複数のWebページやアプリケーションを連携するためにサーバーに情報を保存してブラウザとやりとりをするしくみです。

実際にはCookieの中に、一連の処理を表す一意の**セッションID**を含める形で、ブラウザとサーバーのやりとりが進められていきます（図2-27）。ユーザーの立場からすれば、ショッピングサイトと他のサイトなどを並行して閲覧していても、カートには選択した商品が入っているなどで、日常的に体験しているしくみです。

セッションを一意に表すID

セッションはサーバー側で管理されることから、ブラウザからのアクセスがあった際に、サーバー側でセッションスタートを宣言することから始まります。セッションIDはCookieを通じてやりとりされますが、万が一、別のユーザーにセッションIDを取られても問題が発生しないように、**意味を持たない英数字の羅列などで生成されます**。セッションIDとユーザーのショッピングの状況などはサーバー側でひもづけています。

セッション管理は、現在のWebシステムにおいては、横の1回1回のやりとりを、縦方向への串刺しで整理してくれるような、基本的かつ重要な機能です。一方、セッション管理そのものはパターン化されている処理でもあることから、実際の開発ではフレームワークを利用することが多いです。

図2-27 セッションの概要

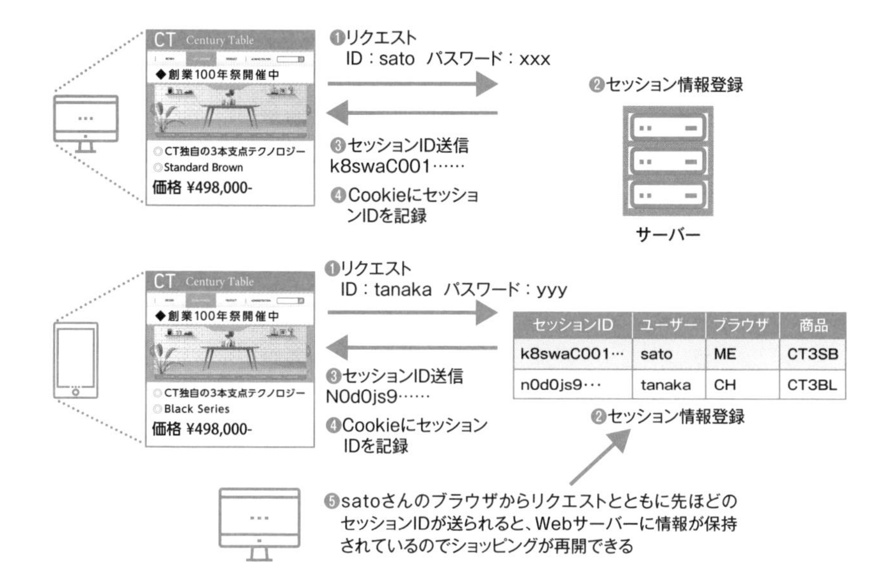

図2-28 セッションのスタートとセッションIDの例

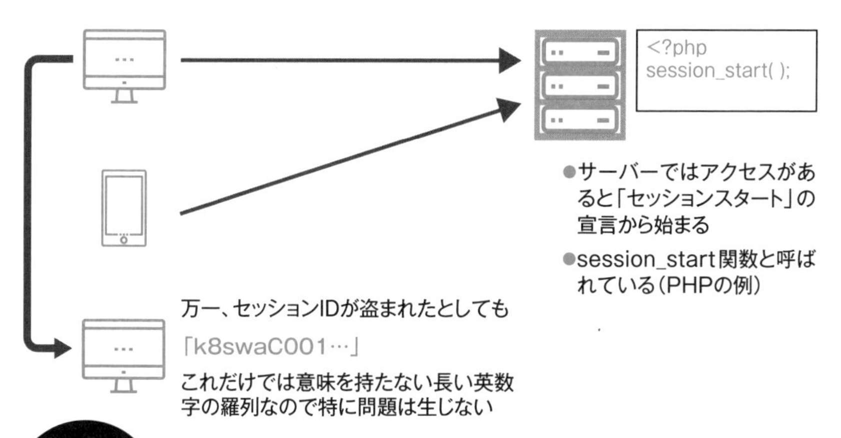

Point

- サーバー側ではブラウザとサーバー間の一連の処理をセッションIDで一意に管理する
- セッションID自体は意味を持たない英数字の羅列で生成される

やってみよう

HTMLとCSS

第2章ではHTMLとCSSについて解説しました。HTMLバージョン5以降の現在のWebページでは、HTMLでは内容や文章の構成を定義して、CSSで見え方やページのデザインを定義するのが基本となっています。

HTMLもCSSもWindowsアクセサリのメモ帳、エディタやWordなどで作成することもできるので、図2-8を参考にして実際に書いてみましょう。

図2-8では、3つのHTMLファイルに対して、1つのCSSファイルでした。ここではCSSによる違いを見るために、2つのHTMLファイルと2つのCSSファイルでやってみます。

CSSによる違いの例

ほぼ同じような形式の2つのhtmlファイルと、異なる定義の2つのCSSファイルで簡単にコードを書いてみてください。例は次の通りです。それぞれの拡張子を.htmlと.cssにして同じフォルダ内に保存します。

会社概要と採用案内html

◆事業内容	◆募集要項
・出版業 ・書籍販売	・Web技術に興味あり ・経験不問

背景色と見出しを変えたそれぞれのCSS

```
body{background:
  #eeeeee
  }
h1{font-size: 22px:
   color:blue
  }
```

```
body{background:
  #ffffff
  }
h1{font-size: 22px:
   font-family: serif:
   color:black
  }
```

ここでは、2×2の例ですので、HTMLファイルの中でデザインを定義しても問題はありませんが、ページ数が多い、デザインのパターンが多い、変更があり得るなどの場合には、CSSの利便性を感じます。

第3章

Webを支えるしくみ

~Webを取り巻く機能とサーバーの構築~

Web全体を支えるしくみ

Webとメールのサーバーや機能

1-10で解説した『情報通信白書』での調査を参考にすると、「インターネット＝Web＋メール」と考えることもできます。本節では、この式の考え方のもとで、**Webサーバーを取り巻くサーバー**やシステムを中心として、改めて整理してみます。

図3-1では、Webとメールに関連するサーバーや、システムと機能について、それぞれに固有のものと両者に共通して利用されるものの視点で分類しています。

Webサーバーと FTP サーバー、両者に共通のDNS、Proxy、SSL サーバー、メールに固有のSMTPやPOP3サーバーなどがあります。概要として示していることから、Webサーバーの背後にあるAPサーバーやDBサーバーは除いています。これらのサーバーや機能はユーザーが少なければ1台のサーバーにすべてが収められることもあります。

Webサーバーまでの道

続いて、企業や団体のネットワークにいるユーザーが、内部のネットワークからWebサーバーを見にいくときの登場人物（サーバーや機能）を確認しておきます。

図3-2では、企業や団体のネットワークとしていますが、ISPと契約している個人のユーザーでもほぼ同様です。この例の図では、**ユーザーのPCからはDNSやProxyサーバーなどのしくみを経由して、求めるWebサーバーのネットワークにいきます。**通信のプロトコルとしては、**3-2**で解説するTCP/IPが利用されます。

Web技術という観点では、Webサーバーが最重要ですが、それぞれのサーバーや機能がどのように結びついているかは知っておく必要があります。

この後、それぞれの機能を確認していきます。

図3-1 **Webとメールのサーバー**

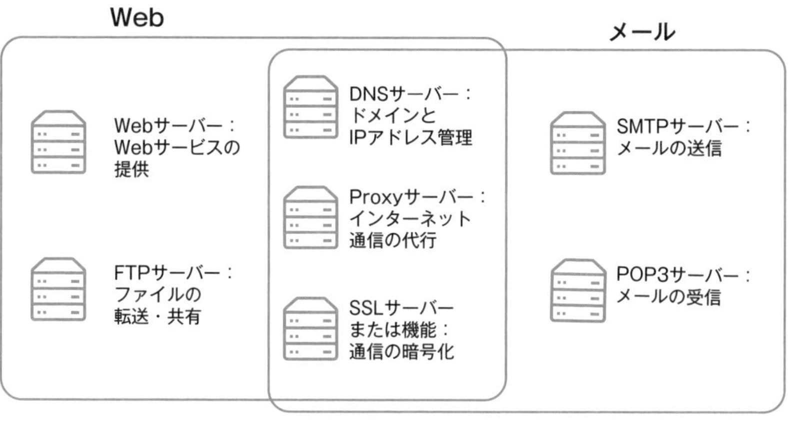

図3-2 **Webサーバーまでの道**

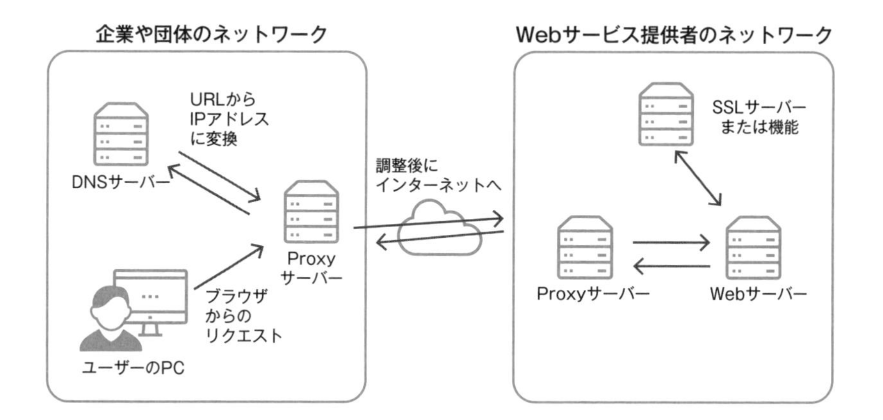

Point

- Webを取り巻くサーバーや機能として、FTP 、DNS、Proxy、SSL、SMTP、POP3サーバーなどがある
- ユーザーがWebサーバーにたどり着くまでには、他のサーバーや機能を経由する

» Webへのアクセスの基本

TCP/IPの概要

PCやスマートフォンなどのデバイスとWebサーバーの間では、ここまででも解説してきたように、TCP/IPプロトコルが利用されています。IPアドレスはその中で中核の役割を担っています。プロトコルはIT用語では通信手順ですが、もともとは昔の戦で利用されたのろしや外交儀礼のルールを表す言葉です。

現在の情報システムでは、図3-3のように4階層で示すことができるTCP/IPプロトコルが主流です。デバイスとサーバーのアプリケーションの間では、送受信の手順やデータのフォーマットを決めておく必要があります。それらの例としては、HTTP、メールのSMTPやPOP3などがありますが、アプリケーション層のプロトコルと呼ばれています。

互いにどのようにしてデータのやりとりをするかは**アプリケーション層**で決まりますが、続いて相手にデータを届けるのが**トランスポート層**の役割です。トランスポート層では2つのプロトコルがあります。データを送るたびに送信先とデータを明示するTCPプロトコルと、電話のように一度相手に接続したら切るまで送信先を意識することなく継続的にやりとりをするUDPプロトコルがあります。

データのやりとりの決めごと、送る・届いた、の次にはどのようなコースで行くかですが、**インターネット層**と呼ばれていて、IPアドレスを使ってコースが決められます。

コースが決まれば、最後は物理的な通信で、無線のWi-Fi、有線LAN、Bluetoothなど、**ネットワークインタフェース層**と呼ばれています。

データのカプセル化

データは、これらの4階層の中を、デバイスから目的地に向けて、図3-4のように左から右に順を追って進みますが、それぞれの層において、ヘッダーが追加され、カプセル化されて次の層へ進んでいきます。

図3-3　**TCP/IPの4階層**

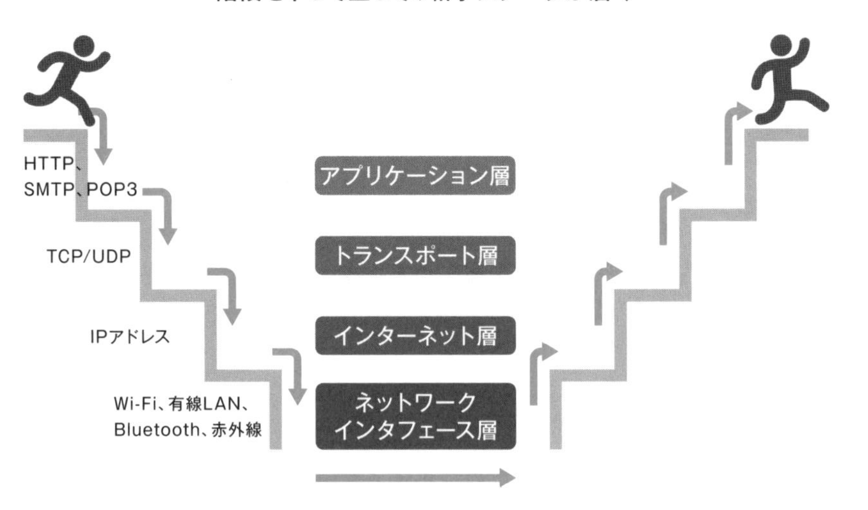

図3-4　**データのカプセル化**

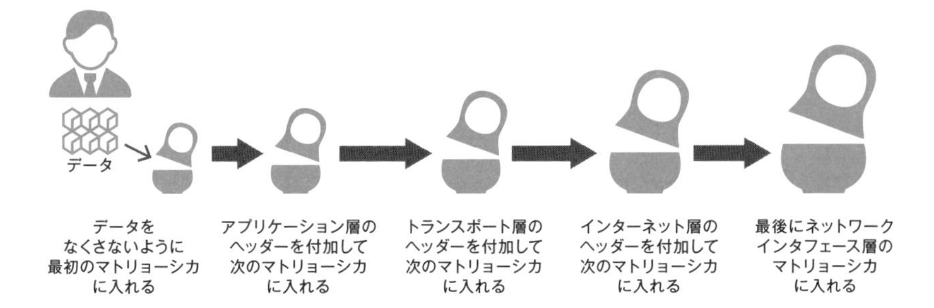

相手のネットワークに入ったら、マトリョーシカは1つずつ取られて最後にデータに戻る

※ロシアの民芸品として有名なマトリョーシカは5つであることが多い

Point

- Webでは TCP/IP プロトコルが利用されている
- TCP/IP は、アプリケーション層、トランスポート層、インターネット層、ネットワークインタフェース層の4階層で構成されている

IPアドレスとMACアドレスの違い

IPアドレスとは?

インターネット上では、デバイスとWebサーバーなどのコンピュータ同士が互いにIPアドレスで呼びかけます。

IPアドレスは**ネットワークで通信相手を識別するための番号**で、現在の多数派であるIPv4では、0から255までの数字を点で4つに区切って表されます。後継のIPv6の利用も徐々に増えています（図3-5）。

ネットワークごとに定めることができることから、例えばある企業の中のサーバーのIPアドレスと別の企業のサーバーのIPアドレスが同じであることもあります。しかしながら、インターネット上で見えるサーバーのIPアドレスは一意のアドレスとなっていて、**1-4**で述べたようにドメイン名と対になっています。

MACアドレスの使われ方

IPアドレスは、コンピュータのソフトウェアが認識するネットワーク上の住所です。IPアドレスとは別に各デバイスが持っているMACアドレスはハードウェアが認識する住所です。

MACアドレスは、**ネットワーク内での機器を特定するための番号**で、2桁の英数字6つを5つのコロンやハイフンでつないでいます。参考として図3-6のように、接続したいコンピュータのIPアドレスを指定して進んでいく手順を見ておきます。

アプリケーションがIPアドレスを指定して、OS内のIPアドレス帳をもとにMACアドレスを確認します。図3-6の❹のように、内部のネットワークに求めるIPアドレスが存在しないときには、インターネットの世界へと出ていきます。

Webサーバーの IPアドレスが存在することは明らかですが、それらを見にいくデバイスのIPアドレスについてはどうなっているのでしょうか。

図3-5 IPアドレスの表記の例

2進法表記

1100 0000	1010 1000	0000 0001	0000 0001
8ビット	8ビット	8ビット	8ビット

●8ビットずつ
　10進法（0から255）に変換する
●「.」で区切られている

10進法表記

192.	168.	1.	1

IPv4では、2の32乗＝約43億のIPアドレスが利用できる

●IPアドレスの説明では、「192.168.1.1」がよく使われるが、
　このIPアドレスがルータなどの初期値として利用されることが多いことによる
●IPv4の後継であるIPv6の利用も徐々に増えている
●IPv6では、2の128乗のIPアドレスが利用できる
●IoTシステムの導入が進んで、各種センサーやデバイスのインターネット接続が
　進むようになると、IPv4ではIPアドレスが枯渇して、IPv6への切り替えが進むかもしれない

図3-6 1つずつ進み、IPが見つからなければインターネットへ

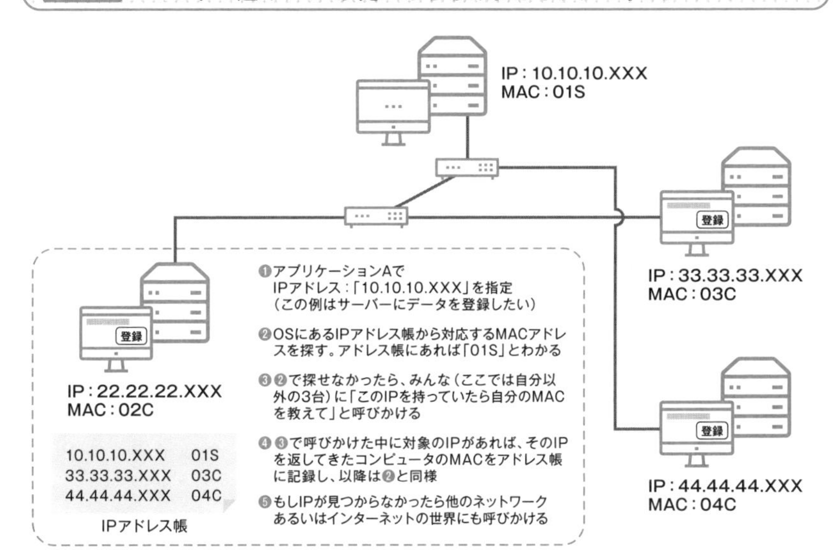

●IPアドレス帳はARP（Address Resolution Protocol）テーブルとも呼ばれる
●IPアドレスはネットワーク内でデバイスに任意につけられるアドレスなのに対して、MACアドレスはデバイス製造時に割り当てられる変更ができない唯一無二の番号

Point

✎IPアドレスはネットワークで通信相手を識別するための番号
✎MACアドレスはデバイスに割り当てられた番号

» IPアドレスを付与する

DHCPの概要

インターネットの通信ではIPアドレスで呼びかけをしますが、相手のIPアドレスがわかっているとしても、相手から見たときの自分のIPアドレスが必要です。そこではDHCP（Dynamic Host Configuration Protocol）が役割を担っています。

例えば、企業内のネットワークで新たなコンピュータを接続する際には、IPアドレスを追加で付与する必要があります。ネットワークに新たに接続されたクライアントPCは、サーバーのOSに存在するDHCPサービスにアクセスして自身のIPアドレスやDNSサーバーのIPアドレスなどを取得します（図3-7）。

DHCP側では新たに接続されたクライアントPCに対して、**定められた範囲の中から使われていないIPアドレスを付与します。**

IPアドレスの範囲や有効期限などはシステム管理者がサーバーを通じて行います。

IPアドレスの動的な割り当て

企業内のサーバーやネットワーク機器などでは重要な存在で役割も変わらないことから、固定のIPアドレスを付与しますが、クライアントPCはDHCPによる**動的な割り当てが一般的**です（図3-8）。

個人がISPなどを経由してWebサイトを見に行くときは、固定の場合もあれば、動的に割り当てられることもあります。図3-8のように、ISPのDHCP機能で一時的なIPアドレスを付与しています。

例えば、サーバー側の視点として、www.shoeisha.co.jpのWebサーバーから見ると、現在サイトを訪れているAさんのデバイスのIPアドレスと、昨日のAさんのデバイスのIPアドレスは、同一のデバイスであっても異なることがあり得るということです。

図3-7 DHCPによるIPアドレスの割り当て

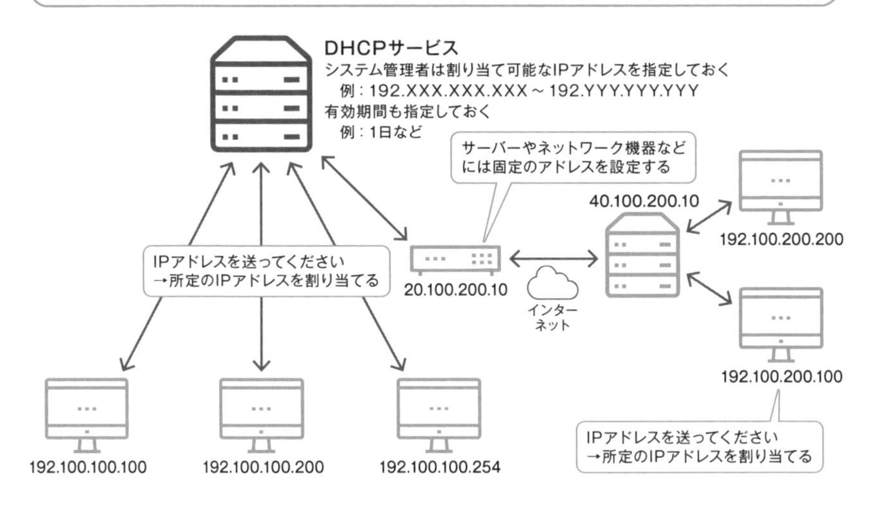

図3-8 IPアドレスの動的な割り当て

DHCPによる動的なIPアドレスの割り当て

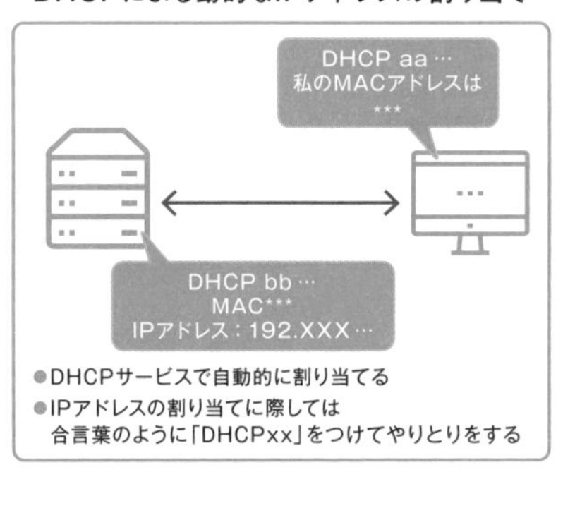

個人ユーザー Aへの IPアドレスの割り当ての例

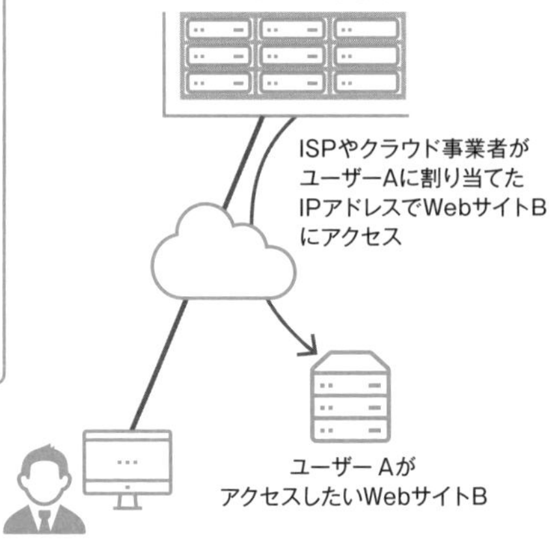

Point

- ネットワーク内でIPアドレスを付与するのにDHCPが役割を担っている
- デバイス側のIPアドレスは動的に割り当てられることが多く、日時が異なると端末が同じでもIPアドレスが異なることがある

ドメイン名とIPアドレスをつなぐ

DNSの役割

DNSはDomain Name Systemの略称で、**ドメイン名とIPアドレスをひもづけてくれる機能**です。

大きくは、次の2つの利用シーンがあります。

- ブラウザで入力されたドメイン名をIPアドレスに変換する
- メールアドレスの@の後ろにあるドメイン名をIPアドレスに変換する

私たちがDNSの存在を意識することはありませんが、Webでもメールでも活躍している非常に重要な機能です。また、図3-9のように、大きくDNSキャッシュサーバーとDNSコンテンツサーバーの2つに分けられます。

DNSの存在

DNSは実態として、**ユーザー数やネットワークシステムの規模に応じて存在そのものが変わります。**

例えば、小規模な企業や組織であれば、DNSサーバーを個別に設置するのではなく、メールやWebのサーバーの中に機能として同居します。

数千人以上の社員がいる大企業などであれば、メールやWebサイトへのアクセスの量も膨大であることから、DNSサーバーを設置するだけでなく、メール用とWeb用で分ける、さらにそれらを多重化することもあります。そして、DNSをドメイン名の階層構造と同じような形で分ける構成もあります。キャッシュ、ルート、ドメインなどにサーバーが分かれるとともに、ドメインで分岐します（図3-10）。

ISPやクラウド事業者などが提供しているDNSのサービスは、ユーザーが多くシステムが大規模であることから、そのような複雑な構成となっています。

図3-9 **DNSの役割**

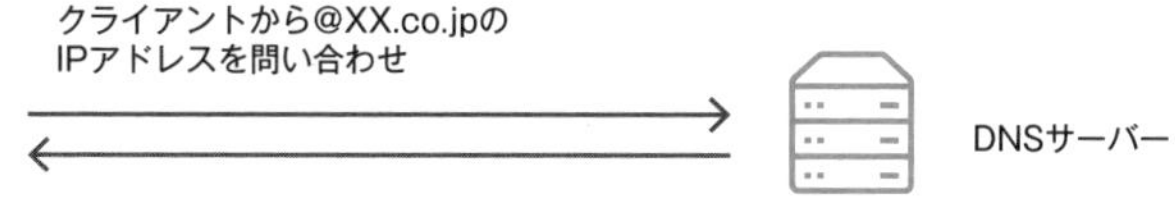

DNSサーバーは2種類

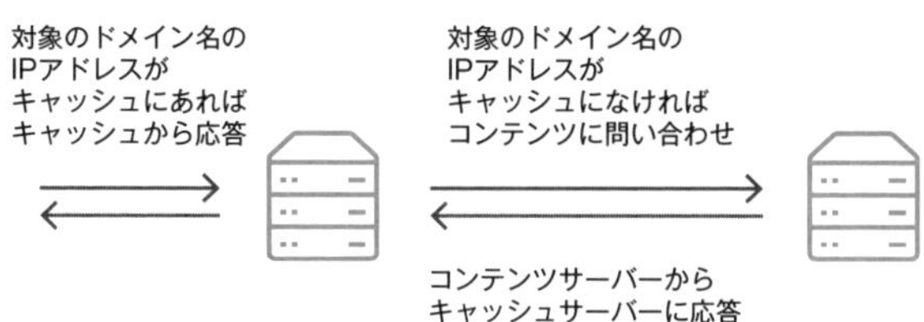

図3-10 **DNSのさまざまな機能**

メールやWebサーバーにDNS機能が存在（外部のDNSサーバーを利用）

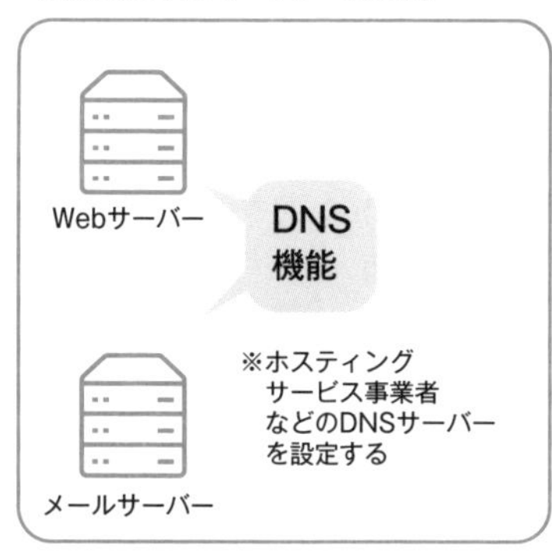

DNSの多重化（Webサーバーでの例）

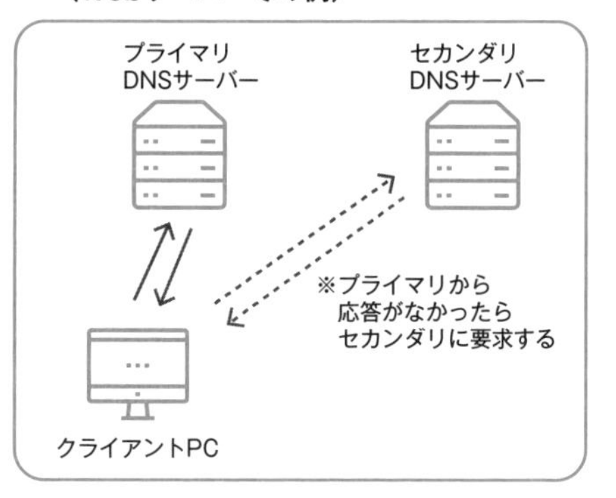

Point

- DNSはドメイン名とIPアドレスをひもづけてくれる機能
- ユーザー数やネットワークシステムの規模に応じて、DNSの存在は変わってくる

インターネットの通信の代行

インターネット通信の代理と効率化

ユーザーが企業の内部から外部のWebサーバーにアクセスするケースや、個人がISPを通じてWebサイトにアクセスするケースでは、それぞれの端末のIPアドレスが表に出ることはありません。

このような場合には、Proxyサーバーが、各クライアントから見ると、**インターネット通信の代行**をします（図3-11）。

Proxyは文字通り代理の意味です。例えば、企業内から複数のクライアントが同じWebサイトを見にいくようなケースであれば、2台目以降はProxyにあるキャッシュのデータを見るなど、単純に代理をするだけではなく、効率化も図っています。

Proxyの役割

企業や団体に所属している方であれば、Webサイトによっては閲覧できない、禁止マークが表示されるなどの経験があるのではないでしょうか。

これらもProxyの機能ですが、管理者の設定に従って閲覧が好ましくないサイトやセキュリティの観点から問題があるサイトなどをブロックします。さらに、外部からの適切でないアクセスに対してはクライアントを守るような形でブロックもします。いわゆるファイアウォールとしての役割です（図3-12）。例えば、小規模な企業や組織であれば、DNSサーバーを個別に設置するのではなく、メールやWebのサーバーの中に機能として同居します。

Proxyはユーザー側の視点からすればメリットが大きいのですが、Webサイト側から見ると、**誰がアクセスしてきたのか**（おそらく、この企業に属している方であるはず）まではわかりません。同じ企業やネットワークなどから多数のアクセスがあっても、分析が限定されることがあり得る、ある種のやっかいな存在でもあります（図3-12）。

図3-11 Proxyサーバーの役割

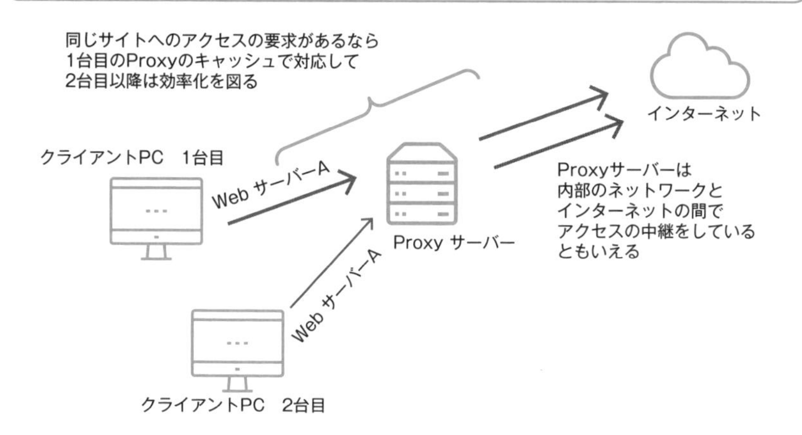

図3-12 Proxyの役割と視点が変わるとやっかいな存在

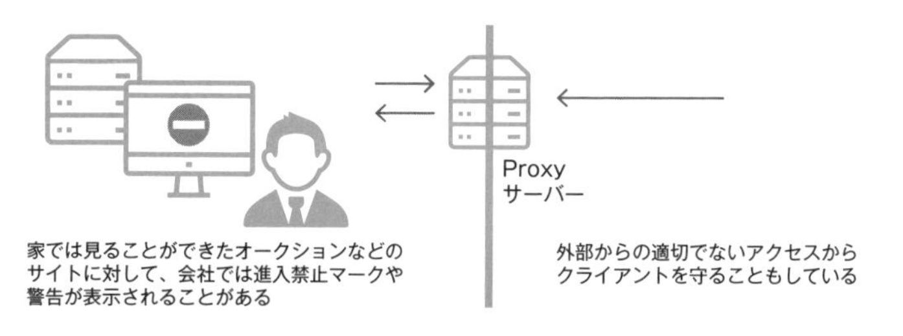

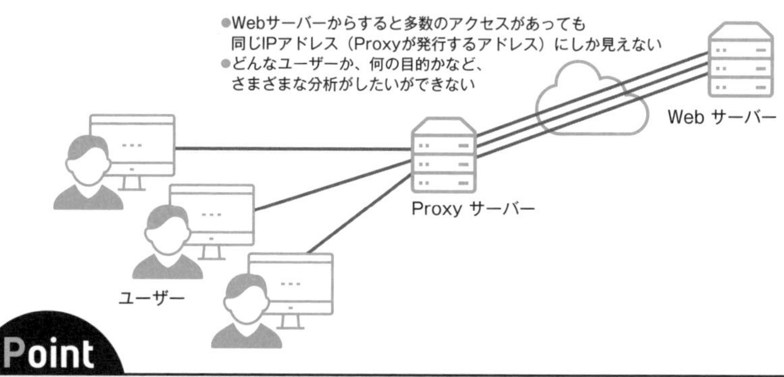

Point

- Proxyはインターネット通信の代行をする機能で、企業やISPのネットワークの出入り口で活躍している
- Webサイトからすると、ネットワーク内の誰かまでは特定できないので詳細な分析ができない

ブラウザとWebサーバー間の暗号化

通信の暗号化

企業や団体のURLでは、httpよりもhttpsで始まることが多くなってきました。httpsで始まるWebサイトは、インターネット上での通信の暗号化を行うプロトコルのSSL（Secure Sockets Layer）が実装されていることを示しています。**SSLはインターネット上の通信を暗号化して、悪意のある第三者からの盗聴や改ざんなどを防ぐことを目的としています。**図3-13のような場合の主要な登場人物は、クライアントPCと外部のWebサーバーになりますが、SSLサーバーや機能がWebサーバーを支えています。httpsは適切なセキュリティ対応が取られているサイトであることを示していますが、スマートフォンでは、ブラウザの左上部にわかりやすい鍵のマークが表示されます。

SSLの流れ

SSLの処理の流れは図3-14のように、SSLでの通信を行うことをサーバーとクライアントの両者で確認することから始めます。

確認後、サーバーから証明書と暗号化に必要な鍵を送って、通信する二者に固有の暗号と復号の準備ができたら、データの通信が進められていきます。図3-14では、若干複雑な手順に見えますが、ユーザー側では意識することはありません。

Webサイトによっては、個人情報の入力や決済などのタイミングでhttp:からhttps:に変わるものもありますが、現在では、トップページからすべてのページに至るまでhttps:で表示するのが主流となっています。ユーザーがhttp:で入力したのに、https:に自動的に変わるのは、リダイレクト（**7-7**参照）と呼ばれています。いずれにしても、そのサイトにアクセスしたときからSSLが実行されているわけですが、それだけ個人情報やセキュリティ意識が高くなっているのです。**今後のWebサイトでは、https:への対応は必須となりつつあります。**

図3-13　SSLの位置づけと鍵のマーク

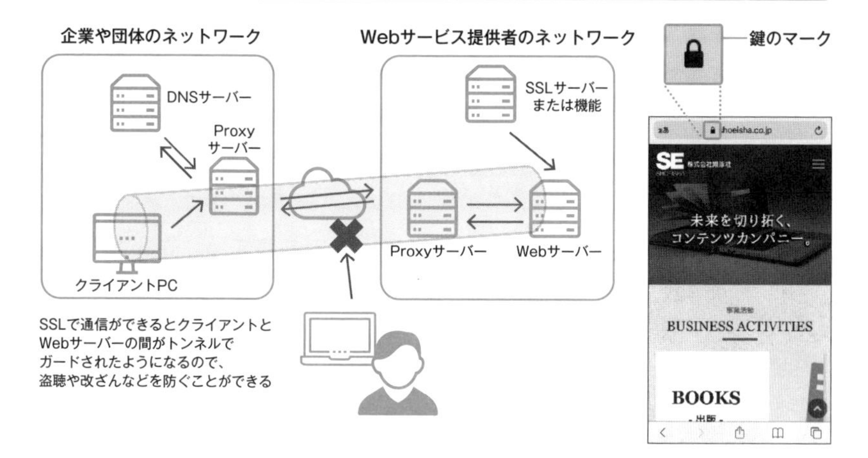

図3-14　SSLの流れ

クライアントPC

SSLで通信することを確認

証明書と公開鍵を送るよ

証明書の確認完了。
通信暗号化に使う
共通鍵を公開鍵で
暗号化して送ります

暗号化された共通鍵を
持っていた秘密鍵で復号

固有の暗号と復号が確認できたので
データのやりとりを始めましょう

Webサーバー

- クライアントとWebサーバーの間では、SSLで通信することを確認して暗号化の手順を確認してからデータのやりとりをする
- SSLは共通鍵ならびに公開鍵暗号方式を組み合わせている

Point

- SSLはインターネット上での安全な通信を実現するプロトコルとして広く使われている
- 個人情報などを扱う企業や団体のWebサイトでは、SSL対応が必須となっている

Webサーバーへのファイルの転送とリクエストの識別

インターネット上でのファイル転送・共有

FTPは外部とファイルをインターネット上で共有する、Webサーバーにファイルをアップロードするためのプロトコルで、File Transfer Protocolの略称です。

同じネットワーク内でのファイルの共有は、ファイルサーバーに対象のファイルを保存することで可能となりますが、インターネット経由で外部とファイル共有をするとなると同じようにはできません。

例えば、個人がISPのWebサーバーを契約している場合には、自身のPCからFTPソフトで、IPアドレスやFTPサーバー名を指定して接続することが多いです。**接続後にFTPを経由してWebサーバー内でのフォルダの作成やファイルの転送などを実行します。**

FTPの機能を利用するには、クライアントとサーバーのそれぞれにFTPソフトがインストールされている必要があります。

ユーザーから見たときの運用

FTPはHTTPとは通信プロトコルが異なりますが、ISPでのサーバーの場合には、WebサーバーにFTPサービスの機能が実装されています。

FTPとHTTPの接続に対して、Webサーバー側では、TCP/IPの通信のヘッダーに含まれている**ポート番号**の違いで区別しています（図3-15）。実際の運用では、HTTPは80、FTPは20または21、HTTPSは443などとあらかじめ定められていることから、**リクエストに応じて分岐するような形で接続されます。**これにはもちろん、メールのSMTPやPOP3なども含まれます（図3-16）。これらは**9-2**でも解説しますが、ファイアウォールの設定でもあります。

ユーザー側では特に意識することはありませんが、基本的にはブラウザ、FTPソフト、メールソフトなどのどれを使うかで決まってきます。

図3-15 ポート番号の一覧

- FTPの機能がないと外部からWebサーバーにファイルを転送することができない
  ➡コンテンツの追加や更新ができない
- しかしながら、右の表のように TCP/IPのもとでは さまざまなリクエストがある
- 船の大きさや積んでいる荷物で ポート（荷役口・船着き場）が 異なるのと同様

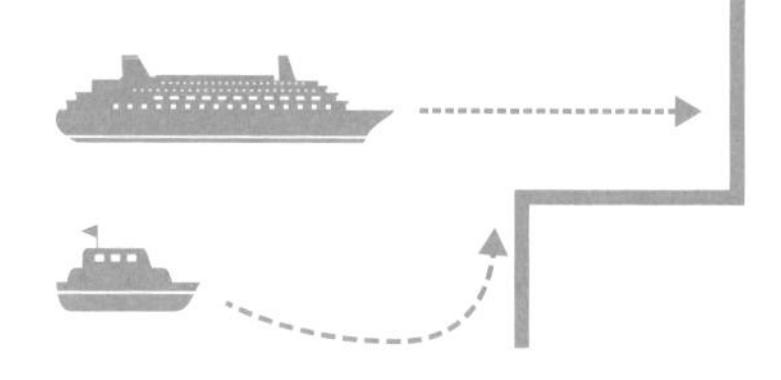

プロトコル	TCPヘッダーのポート番号
FTP	20または21
HTTP	80
HTTPS	443
IMAP4	143
POP3	110
SMTP	25
SSH	22

- 上記の他に、UDPのポート番号としてDHCPの67または68がある
- これらはウェルノウンポートと呼ばれており、サーバー側の基本的なアプリケーションのために事前に用意されている。その他に事前には定めないダイナミックポートなどもある
- **9-2**でも解説するが、これらの設定はファイアウォールの設定でもある

図3-16 ユーザーから見たときの実際の運用例

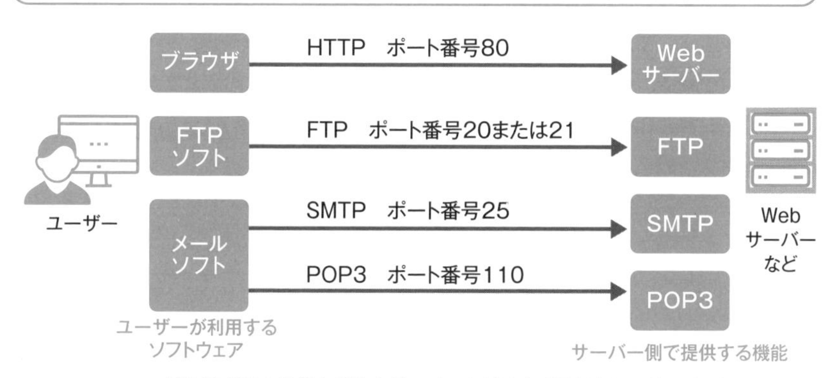

- 例えば、ISPの提供するWebサーバーを利用する場合はWebサーバーとその他のメールサーバーなどの機能が1つのサーバーに同居していることが多い
- ユーザーのソフトとそれに応じたプロトコルやポート番号に応じてサーバーで提供される機能が分かれる

Point

- Webサーバーにファイルを転送するときはFTPプロトコルが利用されることが多い
- ユーザーからのリクエストや利用しているソフトによるプロトコルに応じて、サーバー側では機能に応じたサービスを提供する

» Webサーバーを構築する方法

Webサーバーを構築する3つの方法

ここでは、実際のWebサーバーの構築について見ておきます。大きく3つの方法があります（図3-17）。

❶レンタルサーバーの利用

独自のドメイン名を取得して、そのままISPが提供するWebサーバーをレンタルします。最も簡単かつ迅速な方法で、中堅・中小企業、店舗、個人などでのスタンダードです。ユーザーがすぐに使える状態で提供されます。メールサーバーの機能も含まれています。

❷クラウドサービスの利用

サーバーやネットワーク機器などは自社で持たないのですが、サーバーの構成、ソフトウェアのインストールや設定などの作業は自ら実施します。準大手以上の企業で増えている形態です。

❸自社の施設内での構築

ごく一部の大手企業や準大手企業に限られています。IT機器とソフトウェアのメンテナンスにコストを要することから、近年は減っています。当初、自社で構築した企業がそのまま継続しているケースです。

ISPまたはクラウド利用が圧倒的

現在の動向からいえば、**Webサーバーやメールサーバーなどに限定するのであれば❶が、他のシステムも含めてクラウド化を進めるのであれば❷が選定されます。**❶・❷ともに、サービスの事業者が提示しているメニューから選択をして進めていきます（図3-18）。

❶の場合にはユーザーの選択に従って事業者が構築をする、❷では高度に自動化されていて、ユーザーが選択をすると自動的に構築がされていきます。❸は機器の手配から構築・運用までのすべてを自社で行います。

図3-17 レンタルサーバー、クラウドサービス、自社の施設内での比較例

	❶レンタルサーバーの利用	❷クラウドサービスの利用	❸自社の施設内での構築
サーバーなどのIT機器のイメージ	イメージできない	ある程度イメージ可能	実物を確認できる
選定の基準	●ディスク容量 ●データベースへの同時アクセス数 ●SSLその他の有無などで価格が決まる	●CPUとメモリでサーバーを選定 ●ディスクも選定 ●その他は細かいメニューから付け足していく	●性能見積りをしてサーバーを選定 ●ディスクも選定 ●必要なソフトウェアをインストール ●環境構築や設定は自ら、あるいは委託した企業に任せる ●自らメンテナンスをする必要がある
代表的な事業者	GMO、エックス、さくらインターネットほか	AWS、Azure、GCP、富士通、IBM、ニフクラ、BIGLOBEほか	ITベンダーとの取引で購入
その他	●年額で2万円前後（ドメイン取得料金込） ●各社ともクラウドサービスと称しているが、以前からのISPのサービスを原型としている	●無償利用期間のあることが多い ●料金は❶より高くなる ●自ら設定は行うが、細かい機能設定が可能	●コストは最もかかる ●スキルがないと実現できないが、自らの好きなようにできる

図3-18 ISPとクラウドサービスの違いの例

ISPの場合：やりたいことに従ってサービスを選んでいくイメージ

例）Webサイトで商品を販売したい

サーバーは
イメージできない

●ディスク容量
●同時アクセス数
●CMS利用可
などで基本プランを選択する

●バックアップ
●データベース
などの追加をする

※SSLやデータベースは基本となりつつあることから、基本のプランに含まれていることもある

クラウドサービスの場合：一覧表に従って、自分でシステム構成を設計するイメージ

例）Webサイトでの販売だけでなく、インフラを外部の企業にサービスとして提供したい

サーバーをある程度
イメージできる

●サーバーの選択（OS、CPU、メモリ、ディスク容量）
●リージョンやアベイラビリティゾーンの選択（図6-5参照）
●SSLの有無
●データベースの有無　●バックアップの方法
●CMSの有無　●APIの利用　など

※クラウドサービスでは、自社施設内のサーバーのように物理的に確認することはできないが、レンタルサーバーと比較すると細かいスペックを選択できるので、ある程度イメージできるとしている

Point

- Webサーバーの構築は、レンタルサーバーの利用、クラウドサービスの利用、自社の施設内での構築の主に3つの方法がある
- Webシステムや関連するビジネスを実現する観点では、レンタルサーバーかクラウドサービスの利用が圧倒的

» Webサーバーを立てる

Webサーバーを立てる手順の概要

3-9を踏まえて、実際にWebサーバーを立てる手順の概要について解説をしておきます。基本的な各種のサーバーや機能についてはここまでで見てきましたが、実際にWebサーバーを立てる、構築するという作業はもう少し細かくなります。

Linuxの OS がバンドルされているサーバーを購入した場合を例に取ります。すでにネットワークが存在していて、セキュリティ対策が講じられているのであれば、おおまかな手順は次の通りです。

❶**OSの最新化**（図3-19）

サーバーをネットワークに接続して、インターネット経由でOSをアップデートします。

❷**Webサーバー機能のインストール**（図3-19）

Apacheや Nginx などの Web サーバーの機能をインストールします。

❸**ネットワーク設定**

プロトコルの設定やIPアドレスを割り当てるとともに、ドメイン名をひもづけします。

LinuxのWebサーバーのお約束ごと

上記のような手順の詳細は専門書やWebの投稿記事などでも見ることができますが、実はこの後にも重要な作業が続きます。❶〜❸まででは、ApacheのWebサーバーに、そのために作成したhtmlファイルや画像などのコンテンツを入れることができません。

加えて、**Webサーバーの特定のディレクトリなどに書き込みができる権限**（パーミッション）**の設定をすることが必要です。**さらに、お約束ごととして、「var/www/html」の**ディレクトリ配下に、htmlなどのファイルをアップロードする必要があります**（図3-20）。

図3-19 手順に合わせた典型的なLinuxのコマンド例

OSを最新化する
sudo yum update

yumはRedHat系ディストリビューターのコマンドで、Ubuntuなどではapt-getになる

❶OSの最新化

●サーバー側でupdateを勧めてくれるものもある
※画像はAmazon Linux 2の例

Apacheのインストール
sudo yum install httpd

※Webサーバー機能としてApacheの例を紹介

Apacheを起動する
sudo systemctl start httpd.service

サーバーの停止や再起動に合わせてApacheを起動させる
sudo systemctl enable httpd.service

❷Apacheのインストール

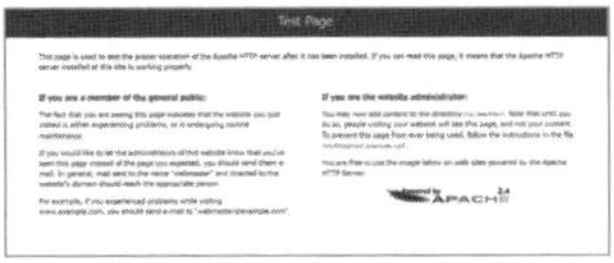

Apacheが正しくインストールされて起動していると、ブラウザでサーバーのIPアドレスを入力すると、ApacheのTest Pageの画面が表示される

- 管理者権限の「sudo」で必要な初期設定を行う
- 「systemctl」はサービス管理を意味する
- FTPの機能が必要な場合は、Apacheと同じように「sudo yum install vsftpd」などでインストールして起動する
- 上記は自らサーバーを立てる場合でも、クラウドサービスを利用する場合でも必要な作業

図3-20 Webサーバーのお約束ごと

- ❶〜❸まででは、デバイスからサーバーへのファイルの転送はできないので、パーミッションの設定が必要
- Apacheのお約束ごととして、var/www/html 配下にコンテンツを入れる

パーミッションの設定例
sudo chmod 775 /var/www/html/

※画像はAmazon Linux 2の例

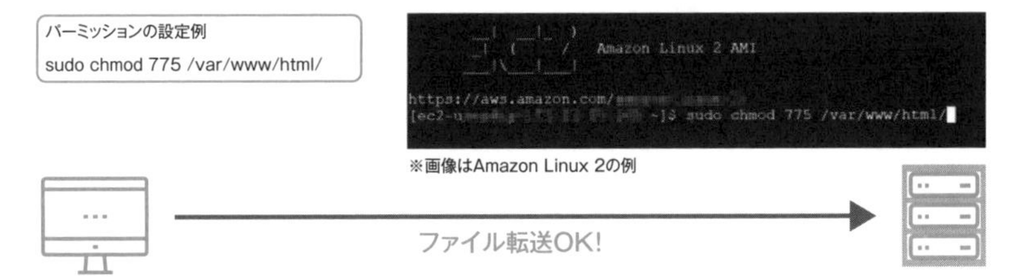

- ファイル転送にFTPを使うことは多いが、システム環境に応じて推奨されているソフトウェアを使うのが王道
- chmodはアクセス権（パーミッション）の設定・変更のコマンド
- 775は、所有者と特定のグループがファイルやディレクトリの読み取り、書き込み、実行のすべての権限を持つが、その他の利用者は読み取りと実行のみに制限される

Point

- Webサーバーを立てるには、OSの最新化、ApacheなどのWebサーバー機能のインストール、ネットワーク設定が必須
- パーミッションの設定やWebサーバー特有のディレクトリ（var/www/html）などのお約束ごとも押さえておくこと

Webサーバーを選ぶ

選んで立てる

本節では、ISPでWebサーバーを構築する手順について解説します。中堅・中小企業、最近では準大手企業などでの利用も増えているようです。個人事業主の方などは基本的にISPのレンタルサーバーの利用が多いです。

ISPのサービスの特徴としては、独自ドメインを代行取得することをアピールして、さらにWebサーバーも提供しているということです。

主流の事業者は、図3-21のように、ディスク容量に従って、サービスプランと価格帯が分かれていて、その他のチェックポイントとしては、データベースやSSLの無料利用の有無、WordPressの有無など、おおむね決まっています。中には、月額でごく少額のレンタルサーバーなどもあります。

すぐに使えるWebサーバー

レンタルサーバーが素晴らしいのは、**その事業者でドメインを取得してサーバーも借りるのであれば、すぐに使える状態になること**です。申し込み後の比較的早い時期に設定終了の案内のメールが届きます。

Webサーバーに加えて、FTPサーバーの機能も実装されていることが多いです。また、すでにDNSは済んでいて、パーミッションの設定やディレクトリ自体も気にしないで、ルートのディレクトリにアップロードすればよいようにセッティングされています（図3-22）。つまり、**3-10**のような**Webサーバーの「お約束ごと」の理解は不要**です。

主要なレンタルサーバーのサービスでは大きな価格差はありませんが、無料で追加できる機能には差があるので、利用シーンに合わせて間違いのない選定をする必要があります。現在ではHTTPSとするのが主流であることから、SSLのサービスや、さらにWebアプリなどでデータベースを利用する場合には、どのような条件であるかなどを確認します。

筆者のお勧めは、実現したいサービスが最初は小規模であれば、ベーシックなサービスで開始して、後で必要性に応じて追加していく考え方です。

図3-21 ISPに関するレンタルサーバーのサービスプランの例

	例 1	例 2
プラン名	ベーシック	ビジネス
月額	¥1,000	¥2,000
容量	50GB	200GB
転送量／同時アクセス数	XX	YY
WordPress、無料SSLなどの付加サービスの有無	●WordPressあり ●無料SSLあり	●WordPressあり ●無料SSLあり

●レンタルサーバーの事業者間で大きな差はなくなっているが付加サービスには違いがあるので注意が必要

●ドメイン名自体の選択肢の幅や関連する手数料などにも違いがある

●ISPはドメイン名取得＋レンタルサーバーをセットで勧めている事業者が多い

●クラウド事業者もドメイン名の取得をサービスメニューとして提供しているがそこはアピールしていない

図3-22 レンタルサーバーの利便性

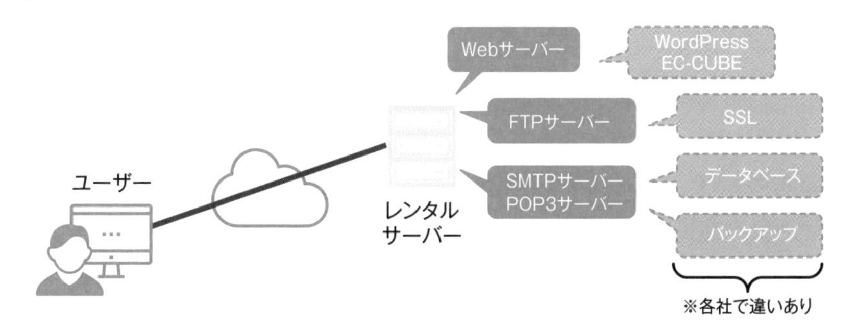

●ユーザーからすると、どんなサーバーかはわからないが、ドメインの取得とレンタルサーバーの契約をすると、Web、FTP、SMTP、POP3がセッティングされてそれぞれのIPアドレスの案内がくる

●FTPのソフトをPCにインストールすれば、たいていの場合はすぐに使える（**3-10**のパーミッションやディレクトリも特に意識する必要はない）

●有名な事業者はメールなどでのサポートもしっかりしているのでさまざまな利用シーンでお勧めできる

Point

✎レンタルサーバーは、ユーザーからすれば選ぶだけでよい

✎ユーザーは難しいことやお約束ごとを意識する必要はなく、直ちに利用できる

» Webサーバーを作る

「立てる」と「選ぶ」と「作る」

ここまでで、自らサーバーを構築する場合は「立てる」、事業者がさまざまな作業をやってくれる場合は「選ぶ」、基本的な環境は出来上がっているので、その条件の中で「作る」、のように言葉の使い方を分けてきました。

クラウドサービスの中では、Amazonが提供しているAWS（Amazon Web Service）、マイクロソフトのAzure、グーグルのGCP（Google Cloud Platform）などが有名です。人気の理由のひとつに、一定期間の無料利用があります。

本節では、参考として、AWSでのWebサーバーの作成例の概要を紹介します。

Webサーバー稼働までの工程

AWSでWebサーバーを作成して、Webサイトとして閲覧される状態にするためには、図3-23と図3-24で整理していますが、次のような工程が必要となります。

⓿アカウントの作成
❶サーバーの作成
❷作成したサーバーへのセキュアな接続の準備
❸OSの最新化とApacheのインストール
❹HTTPプロトコルでサーバーに接続できるようにする
❺固定のIPアドレスの割り当てとサーバーへのひもづけ
❻コンテンツのアップロード

実態としては、❶と❷が最も気を使う作業です。

実際に作業をする場合に注意したいのは、**オンラインマニュアルなどに事前に目を通してから作業をする、各工程でミスしないことが重要であることから、工程ごとにスケジュールを組んで計画的に行うこと**です。

図3-23　アカウント作成画面の例

AWSのアカウント作成画面の例

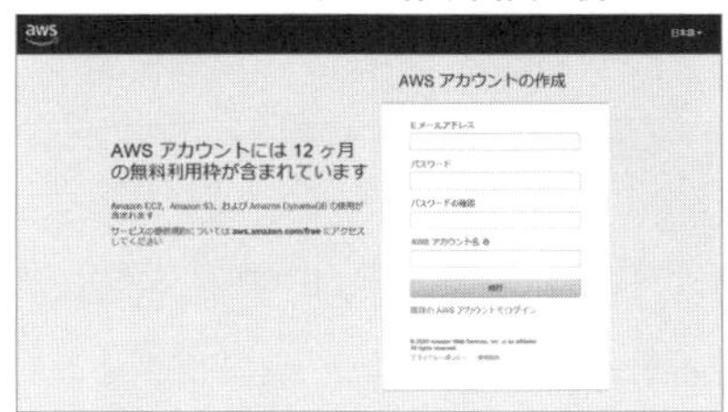

GCPのアカウント作成画面の例

⓪アカウントの作成

- 大手のクラウド事業者ではメールアドレス、パスワード、アカウント名やクレジットカードなどの情報を登録すると、無料で12カ月間利用できるようになっている

図3-24　Webサーバー稼働までの工程

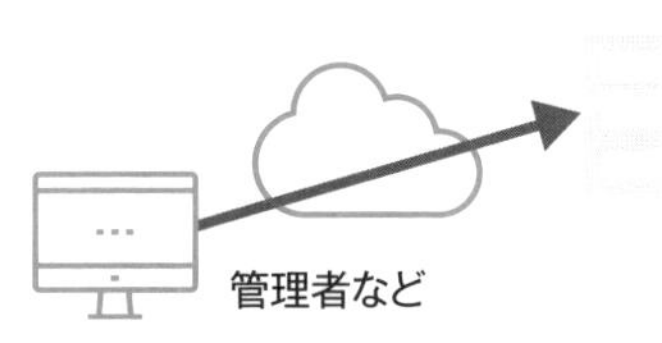

管理者など

❶サーバーの作成
- CPUとメモリなどでリストから選ぶ
- ディスク容量を決める

（例）

	CPU	メモリ
Linux 低～中性能	XX	XX
Linux 低～中性能	XXX	XXX
Linux 高性能	YYY	YYYY
Windows	YY	YYY
…	…	…

一般ユーザー

❷作成したサーバーへのセキュアな接続の準備
- 管理者などとして特定した端末でSSH接続
- 認証用の特別なファイルを作成
- ファイアウォールの設定でもある

❸OSの最新化とApacheのインストール（図3-19参照）

❹HTTPプロトコルでサーバーに接続できるようにする
- 一般ユーザーがWebサイトを見られるようにする

❺固定のIPアドレスの割り当てとサーバーへのひもづけ
- 固定のIPアドレスを取得して、サーバーにひもづける
- ドメイン名とIPアドレスのひもづけも行う（ドメイン名を取得した事業者のシステムで行う）

❻コンテンツのアップロード
- パーミッションの設定やコンテンツのアップロードで閲覧可能にする

※これらの手順は2021年2月現在の手順であり、事業者の都合で変わることがあり得る。実際に行う場合には、オンラインマニュアルや最新の公認の専門書などを確認して進める必要がある

※ここでは、Webサイトとして閲覧できる状態を中心に解説しているが、実務で利用する際はセキュリティにも注意して、関連するサービスの検討もしてほしい

Point

- クラウドサービスでは基本的な環境ができているので、その中でサーバーを作成する
- 作業を始める前にオンラインマニュアルなどで工程を確認して、計画的に進めていくと間違いがない

やってみよう

DNSサーバーと通信する

3-5でDNSサーバーの解説をしました。

ドメイン名とIPアドレスをひもづけてドメイン名からIPアドレスに変換してくれています。

実際にWindows PCからDNSサーバーと通信してみましょう。

コマンドプロンプトから「nslookup」と入力します。

このコマンドはDNSサーバーに直接リクエストを上げます。正しく通信ができていれば結果が表示されます。

nslookupコマンドの表示例

```
c:¥>nslookup 問い合わせしたいホスト名
サーバー:DNSサーバーの名前
Address:DNSサーバーのIPアドレス

名前:問い合わせしたいホスト名
Address:IPアドレスの結果
```

問い合わせしたいホスト名には、例えばyahoo.co.jpなどと入力してみましょう。プロバイダのWebサービスを活用している企業や団体ではIPアドレスが表示されないこともあります。

Webサーバーを自ら立てているような有名なサイトや企業が好例かと思います。DNSサーバーの名前は家庭からと企業や団体のネットワークから接続する場合では異なります。

第4章

Webの普及と広がり

~拡大を続ける利用者と市場~

多様化するWebの世界

Webを通じたビジネスの場は増えている

Web技術はビジネスを運営している企業や個人にとっては、以前にもまして重要な存在になっています。クラウドサービスの充実などから、Webに展開できるシステムが増えているという背景もあります。

図4-1を見ると、ユーザー側のアクセスする手段の多様化、提供する側の立場からしても、ビジネスの場やアピールできる媒体も増えています。それらがインターネットを通じて、掛け算をするようにビジネスの機会が増えています。

ここで理解してほしいのは、**Webシステムは重要かつ中心的な存在ですが、さまざまな登場人物が取り巻く世界の中に存在している**ということです。しかも、その世界は少しずつ変わっていきます。

例えば、リアルの店舗に加えて、Webサイトがあるだけではなく、外部のショッピングサイトやSNS、動画サイトなどのように、**Webサイトに匹敵するしくみが多数存在していることから、広い視野で、どのしくみを使う、もしくは使わないかを考えることが重要**です。

自らの事業に適した利用

直接的あるいは間接的にしても、Webシステムに携わる人材は、これらのWebを取り巻く環境にも常に目を向けている必要があります。例えば、写真や動画映えする製品を販売している店舗や企業などでは、SNSや動画サイトなどの活用が売上拡大に貢献できる可能性があります。個人店舗などであれば、自前のWebサイトを持たなくても、SNSや外部の投稿のみでプロモーションや売上拡大ができる可能性もあります（図4-2）。

一方、士業などでは、ショッピングサイトは利用できないので、投稿サイトやビジネスマッチングサイトなどを見ておくべきです。

次節からは、Webシステムを取り巻く環境について見ていきます。

図4-1 Webを取り巻く世界

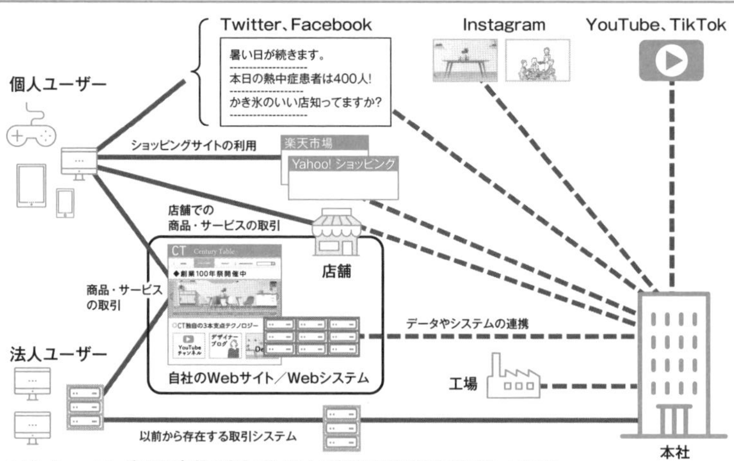

●コンシューマー向けの企業であれば、Webは極めて重要な存在になっている
●上記の他に、自社のスマートフォン専用の独自アプリを配布している企業もある
●法人間でもWebの存在感は確実に増している
●企業のWebサイトは、コーポレイト、ブランディング、プロモーション、EC、リクルートなどで、それぞれ別に立てることもある

図4-2 店舗やビジネスによってはWebサイトは不要

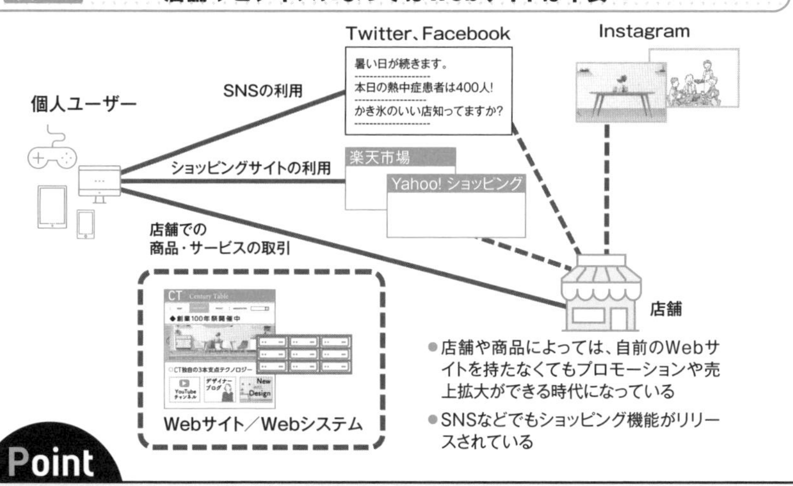

Point

- ビジネスシーンでWebシステムは極めて重要な存在になっているが、取り巻く環境にも目を配る必要がある
- 代替や補完してくれる媒体や機能があるので、Webサイトを持つことが必ずしも必須ではない時代になりつつある

» スマートフォンの登場から

スマートフォンの上陸から現在まで

1-10で解説したように、ユーザーが利用する端末としてはスマートフォンが最上位の地位にあります。

もともとは2008年にiPhoneとアンドロイド携帯が上陸したことに始まり、2010年のiPadやアンドロイドのタブレットの発売などを通じて、現在に至っています。もちろん主に日本国内中心でしたが、1999年に始まったiモードサービスのような、それらの普及につながるしくみもありました。このあたりを整理したのが、図4-3です。

Webシステムを開発する側の立場からすれば、現在のスマートフォンとPCの二強時代を迎えるまでは、**多種多様なガラケーを含む端末によってブラウザが異なることから、それらに応じてWebページを動的に変えていくという大変な時期がありました。**多数の端末とブラウザに対応するために、主要な携帯キャリアと端末メーカーを洗い出して作業を進めるような状況でした。また、Webサイト自体はPC用を基本として、スマートフォンからのアクセス専用のページを用意していました。

レスポンシブ対応

現在では、端末自体もある程度同じようになってきたことと、Webサイトの開発技術も進歩ならびに収れんしてきたことから、レスポンシブWebデザイン（通称：レスポンシブ）で対応することが標準となりつつあります。

レスポンシブは、ブラウザに応じたWebページを提供することですが、例えば最近の流行では、1つのページで多様なデバイスに対応する特徴があります。

実際によくあるのは、図4-4のように、デバイスに従って、ページの見え方が異なる例です。現在のWebサイト開発ではレスポンシブ対応が必須の機能となっています。

図4-3　スマートフォンの変遷と開発側の状況

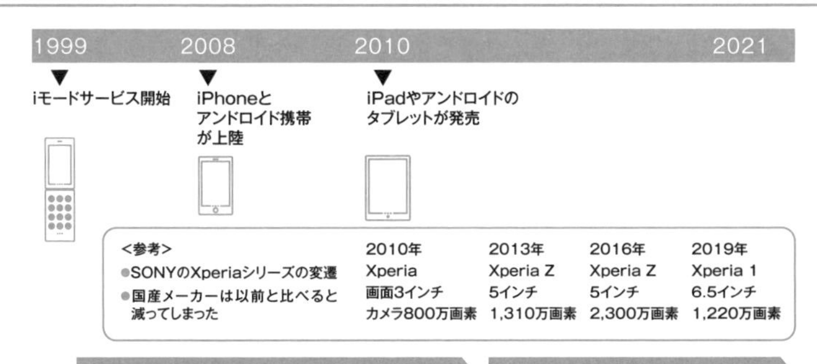

開発者にとって大変な時期

以前と比較すると落ち着いた

- 端末とブラウザの種類が多くて大変
- 端末とブラウザに合わせてページを変更していた
- PC用と携帯、スマートフォン用でURLを分けるか、スマートフォン専用などのページがあった

- 同じような仕様の端末と少なくなったブラウザ
- 割り切って画面サイズを中心に変更すればよい

図4-4　同じページでも見え方が異なる例

PCの場合

スマートフォンの場合

- メインの画像の下に3つのブロックと画像が並んでいる例
- 2段目に複数が並んでいる、よく見かけるデザイン

- PCではメイン画像の下は3つのブロックになっていたがスマートフォンでは縦にずらりと並ぶ
- 画面サイズが小さいのでこのようになる。無理にPCと同じようにしないのが現在の主流

Point

- 以前のWebシステムの開発では、端末とブラウザの種類が多くて大変だった
- 現在はレスポンシブWebデザインで対応するのが主流となっている

よく利用されているブラウザは?

スマートフォンとPCで異なるシェア

スマートフォンでのWebサイトの閲覧が主流の時代となっていますが、ブラウザについて考えてみます。グーグルのChromeのように、さまざまなデバイスで利用することができるブラウザもありますが、基本的にはそれぞれの端末が推奨しているブラウザを使うケースが多いでしょう。WindowsのPCであればMicrosoft Edge、iPhoneであれば**Safari**などです。

ここで、現在のブラウザのシェアを見ておきます。やはり多くのユーザーが利用しているブラウザが強いのは事実です。

初めに、スマートフォンなどの**モバイルブラウザ**ですが、図4-5の例のように、日本国内では、Safari、Chrome、Samsungの順になっています。日本ではiPhoneのシェアが高いので、世界シェアとは異なっています。

続いてPCブラウザですが、こちらは図4-5のように、日本国内でも世界でもトップはChromeですが、Windows PCのシェアなどから、日本では、Microsoft EdgeやIEのシェアが比較的高い特徴があります。

調査機関は異なっていても、おおむね同じような順位となっています。なお、スマートフォンでは、Chromeが徐々にシェアを伸ばしている傾向があります。

Chromeが強い理由

Chromeが強い理由には、**さまざまな端末で利用できる**というユーザーの立場からの利便性以外にも、他のブラウザよりも起動時間が短いことや、Gmailなどのグーグルが提供する機能との連携などが挙げられます（図4-6）。さらに第2章で解説しましたが、デベロッパーツールもさまざまなシーンで使うことが可能であることから、開発者の立場での利便性もあります。実はWebシステムの世界では、ユーザーとは別に、開発者に好まれるしくみが強いという傾向があります。

図4-5　モバイルとPCブラウザのシェアの例

日本のモバイルブラウザシェア（2021/1）

ブラウザ	シェア
Safari	60.13%
Chrome	33.90%
Samsung	3.14%
その他	2.83%

URL：https://gs.statcounter.com/browser-market-share/mobile/japan

世界のモバイルブラウザシェア（2021/1）

ブラウザ	シェア
Chrome	62.51%
Safari	24.91%
Samsung	6.30%
その他	6.28%

URL：https://gs.statcounter.com/browser-market-share/mobile/worldwide

※日本国内ではiPhoneのシェアが高いので、Safariがトップになっている

日本のPCブラウザシェア（2021/1）

ブラウザ	シェア
Chrome	58.50%
Microsoft Edge	15.61%
Safari	8.66%
IE	7.52%
Firefox	6.55%
Edge Legacy	0.81%
その他	2.35%

URL：https://gs.statcounter.com/browser-market-share/desktop/japan

世界のPCブラウザシェア（2021/1）

ブラウザ	シェア
Chrome	66.68%
Safari	10.23%
Firefox	8.10%
Microsoft Edge	7.79%
Opera	2.62%
IE	1.95%
その他	2.63%

URL：https://gs.statcounter.com/browser-market-share/desktop/worldwide

※日本国内ではWindows PCのシェアが高いので、EdgeやIEが世界よりも強い

※さまざまな調査機関が提供しているが、ここではWebで見やすいStatcounterの調査結果を紹介しているので、あくまで参考としてほしい

図4-6　Chromeが強い理由

Chrome

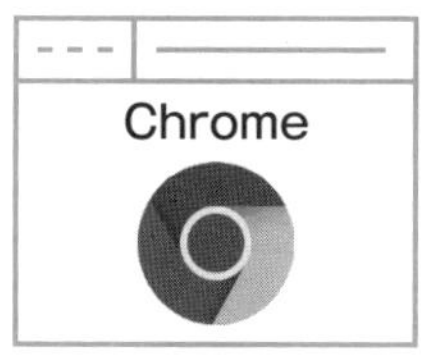

スマートフォン、PC、タブレットなどの端末が異なっても同じように利用できる

EdgeとIE

Windows PCが中心

Safari

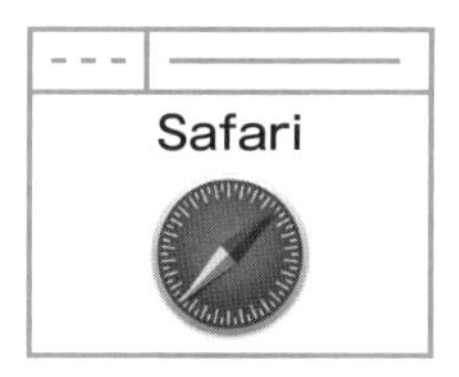

iPhoneやMacが中心

起動時間が短い、GmailやGoogleマップなどとの連携もChromeの強みとして挙げられる。なお、これらの他に、ブラウザ自体が好きな方には、カスタマイズがしやすいFirefoxなどがある

Point

- 日本国内や世界でのブラウザのシェアも見ておくべき
- Chromeのシェアが伸びており、さまざまな端末で利用可能などの強みがある

よく利用されている検索エンジンは？

検索エンジンの国内シェア

検索エンジンは、現在では基本的にブラウザに実装されていますが、以前は別に存在していた時代もあったことから、今でもブラウザとは分けて語られることが多くなっています。サーチエンジンとも呼ばれますが、ユーザーがテキストボックスに単語や文節などのキーワードを入力して、検索ボタンをクリックまたはタップすると、関連のあるWebサイトを表示してくれるしくみです。

図4-7に、日本と世界での検索エンジンのシェアを整理しています。日本国内で見ると、ブラウザのシェアやランキングは端末で大きく変わりましたが、検索エンジンは端末では大きく変わることはありません。Google、Yahoo!、Bing（Microsoft Bing）が三強であることが示されています。BingはWindows PCを購入した状態でMicrosoft Edgeを立ち上げたときに起動する検索エンジンです。

検索エンジンへの対応の重要性

ブラウザへの対応が以前よりも楽になった現在では、検索エンジンへの対応の存在感が一層増しています。Webサイトをきちんと見せたいという、制作者や開発者の観点ではブラウザへの対応が重要ですが、多くのユーザーに見てもらうというビジネスの観点では**検索エンジンへの対応の方がむしろ重要**とする考え方もあります（図4-8）。

検索エンジンへの対策を講じることで、ユーザーからのWebサイトに対するアクセス数を上げることができます。商用のWebサイトの運用においては、顧客にアピールするデザインや仕様のサイトを立ち上げることと並ぶ重要な項目となっています。商用のWebの世界ではデザイナーだけでなく、SEO（**4-9**参照）のプロフェッショナルも職業としての地位を築いています。

図4-7 日本と世界の検索エンジンのシェア

日本のモバイルの検索エンジンシェア（2021/1）

ブラウザ	シェア
Google	75.60%
Yahoo!	23.89%
Bing	0.20%
DuckDuckGo	0.14%
Baidu	0.10%
その他	0.07%

URL：https://gs.statcounter.com/search-engine-market-share/mobile/japan

世界のモバイルの検索エンジンシェア（2021/1）

ブラウザ	シェア
Google	95.08%
Baidu	1.45%
Yandex	0.98%
Yahoo!	0.78%
DuckDuckGo	0.52%
その他	1.19%

URL：https://gs.statcounter.com/search-engine-market-share/mobile/worldwide

※DuckDuckGoはしっかりとしたプライバシーポリシーに定評がある検索エンジンで、スマートフォンのアプリとしてインストールできる

※Baiduは中国、Yandexはロシアの検索エンジン

日本のPCの検索エンジンシェア（2021/1）

ブラウザ	シェア
Google	73.66%
Yahoo!	13.74%
Bing	12.68%
DuckDuckGo	0.21%
Baidu	0.17%
その他	0.16%

URL：https://gs.statcounter.com/search-engine-market-share/desktop/japan

世界のPCの検索エンジンシェア（2021/1）

ブラウザ	シェア
Google	85.88%
Bing	6.84%
Yahoo!	2.74%
Sogou	0.95%
DuckDuckGo	0.90%
その他	2.69%

URL：https://gs.statcounter.com/search-engine-market-share/desktop/worldwide

※さまざまな調査機関が提供しているが、ここではWebで見やすいStatcounterの調査結果を紹介しているので、あくまで参考としてほしい

図4-8 Webサイトの制作とビジネスで成果を上げるのは観点が異なる

ブラウザに対応して美しいページを提供する
<Webサイトの制作や開発で重要な観点>

ChromeやMicrosoft Edgeなど

SafariやChrome

●主要なブラウザで見え方のテストを入念に行いユーザーにとって見やすいページや印象的なページを提供する

SEO対策でアクセス数を上げる
<ビジネスで重要な観点>

ユーザーによる検索　検索結果の表示

●キーワードにもよるが、できるだけ最初のページや上位などに表示されたい

●上の例では、福岡在住や近い地域の方はXX家具を、海外やクリアランスに興味がある方はYYダイニングを、ユニークな価値を求める方はCentury Tableをそれぞれタップすると想定される

●検索結果で差別化できるアピールが必要

Point

- 日本国内での検索エンジンは、Google、Yahoo!、Bingの三強
- 特に商用のWebサイトでは、良好なサイトの制作・提供とともに、検索エンジンへの対策が極めて重要となっている

» オンラインショッピングの成長

現在も成長が続く市場

Web技術の普及や進歩に貢献している要素のひとつとして、現在も続いているオンラインショッピング市場の成長が挙げられます。今ではAmazonや楽天の名前を知らない人も少なくなりました。

Amazon.comは1994年に設立されて、2000年に日本に進出しています。日本を代表するECモールの楽天市場は1997年創業で2000年には早くも株式公開に至っています。三大ECモールのもうひとつのYahoo!ショッピングは1999年にオープンですから、本書の他のテーマでも解説してきたように**2000年頃を原点として現在に至っています。**

現在のAmazonや楽天市場の利用者数は、図4-9のように、5,000万人にも至っています。楽天市場の2019年度の国内EC流通総額は前年比13.4%増加の3.9兆円と発表されていますから、EC自体がすでに大きな市場でありながら、**今後のさらなる成長も期待されています。**

ECモールやECサイトのしくみはほぼ同じ

ECモールはAmazon、楽天市場、Yahoo!ショッピングなどがありますが、それらに出店する際には、費用や審査と引き換えに、モール上での店舗と専用のシステムが提供されます。

利用する側の立場で見ると、**各社ともおおむね同じようなしくみ**になっています。独自のWebサイトを立ち上げて、オンラインショップを早期に開業するために専用のシステムが利用されることが多くなっており、基本的に入力項目も同じになっています。

具体的には、店舗の情報に始まり、個々の商品の登録になりますが、商品名、商品コード、商品画像、価格、在庫数など、入力順や画面に若干の違いはありますが、それぞれに大きな違いはありません（図4-10)。事業者やしくみを変えても出店の準備が同じであることもオンラインショッピングの普及の理由かもしれません。

図4-9 日本の三大ECモールの利用者数など

日本の三大ECモールの利用者数（2020/4）

ECモール	利用者数（千人）
Amazon	52,534
楽天市場	51,381
Yahoo!ショッピング	29,456

ニールセンデジタルの調査結果より

日本のECモールの売上ランキングは?

Rakuten amazon YAHOO! JAPAN

売上ランキングや市場シェアの順位は、どこまでの領域を含むかで変動するが、三強であることは間違いない

ECモールではなく単独のECサイトでは、上位5社は次のようになる

amazon ヨドバシカメラ www.yodobashi.com ZOZO

図4-10 ECモールやECサイトの管理システム

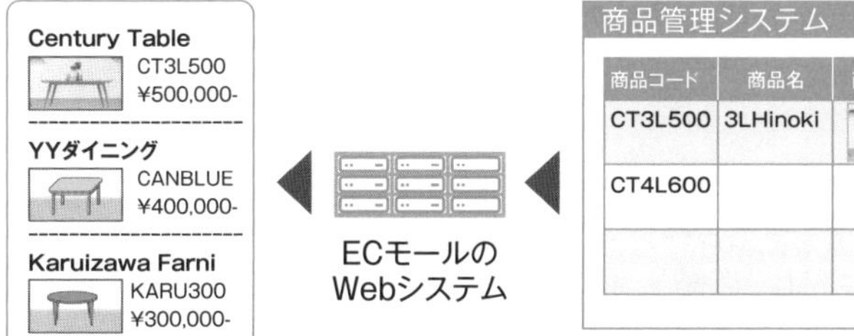

商品管理システム

商品コード	商品名	商品画像	価格	在庫数
CT3L500	3LHinoki		500,000	2
CT4L600				

- ECモールの店舗が利用する商品管理システムあるいは自社のECサイトの商品管理システムの画面イメージ
- OSSのECサイトアプリでは、EC-CUBEやWelcart E-Commerceが有名

- モールの事業者やソフトウェアが異なっても、基本的な入力項目はおおむね同じとなっている
- 商品はそれぞれの店舗で異なるのに、考えてみればすごいしくみ
- リアルの商材が異なる店舗で、同様な管理をするのは難しいのではないだろうか

Point

- オンラインショッピングは2000年頃に原型ができて、現在でも成長を続けている
- 店舗からすれば、ECモールや自社でECサイトを構築しても、入力項目などがおおむね同じ仕様になっていることは便利

SNSの活用

活用の検討が必須のツール

企業でマーケティングを担当している方や、店舗を経営している方などにとっては、自らのWebサイトの他に、**SNS（Social Networking System）の活用は無視できない状況になっています。**SNSは登録した会員同士が利用できる交流サービスですが、ビジネスアカウントで会員となって、顧客層を広げている企業や店舗もあります。

現在のCMSなどでも、Twitter、Facebook、Instagramへの連携が、各サービスでのアカウント名を入力することですぐにできるようになっています。LINEを顧客や会員管理のゲートウェイシステムとして利用する量販店などもあります。それだけSNSがビジネスにおいて重要なツールになっているということです。図4-11に主要なSNSの利用者数などを整理しています。

適切なサービスを選定する

SNSの活用に関しては、店舗やオフィスなどを保有していて、事業基盤のある企業などであれば、すでに顧客がついていることから、ある程度の効果やリアルなビジネスとの相乗効果も見込めます。しかしながら、これからビジネスを立ち上げる方にとっては既存顧客がいないので、Webサイトと同様ですが、短期間で効果を上げるのは難しいです。また、会員内で提供する内容や利用会員の特性、トレンド、SNSそのものの流行り廃りなどもあるので、すべてに対応しようとは考えないことです。

提供している商品やサービスに合わせて、さまざまなSNSの中から適切なサービスを選定するのが重要です。例えば、商品やサービスが文字で伝わるのか、写真画像か、あるいは個人の口コミや推薦が必要かなど、ビジネスや商材によって異なります（図4-12）。

視野を広げて取り組むことは大切ですが、幅を広げすぎると、管理工数が膨大で疲弊する、コストがかかる、などのマイナス面もあるので注意が必要です。

図4-11 主要SNSの利用者数と特徴

主要なSNS

	Twitter	Facebook	Instagram	LINE	YouTube	TikTok
世界での月間利用者数（億人）	3.4	27	10	1.7 （日・台・タイ・インドネシア）	20	8
日本国内での月間利用者数または会員数（万人）	4,500	2,600	3,300	8,600	6,200	950
日本国内での特徴など	●若年層中心 ●リツイート	●年齢層が高い ●Instagramと連携	●若年層中心 ●女性が多い	●国内トップ ●幅広い世代	動画共有	ショートムービー

その他のSNS

	note	Linkedin	Pinterest	Snapchat	LIPS	Qiita
世界での月間利用者数（億人）	―	7	4	2.5	―	―
日本国内での月間利用者数または会員数（万人）	260	200	530	8,400	1,000	50
日本国内での特徴など	投稿記事中心	ビジネスでの利用	画像共有	画像チャット	美容、コスメ特化	エンジニア向け

※2021年1月現在の各社のプレスリリースなどを参考にして作成

図4-12 商品やサービスに応じた検討の例

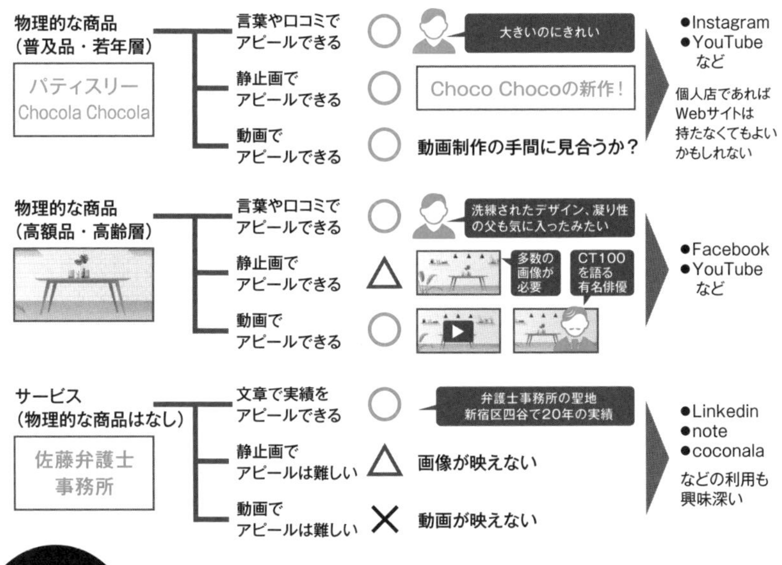

Point

- 事業を運営している企業や個人にとってSNSは無視できない存在
- すべてに手を広げるのではなく、商品やサービスに合ったSNSを選定する

» SNSの裏側

管理者と開発者の視点で見る

インスタでおなじみのInstagramはFacebookとも連携している画像を中心としたSNSです。現在はショッピング機能なども備えていることと、外部のWebサイトへのリンクも可能なことから、業種や商品・サービスによっては効果的です。

本節では特筆すべき2つの機能であるInstagramインサイトとデベロッパーツールを見ておきます。その他の主要なSNSなどでもこのような機能があるので、**必ずユーザーの立場としての見え方だけでなく、管理者や開発者側での見え方や管理、ならびに提供されているツールやサービスなども確認するようにしてください。**ある種の慣れは必要ですが、サービスが異なっていても、実は裏側では同じような機能が提供されています。

Instagramインサイトとデベロッパーツール

Instagramインサイトは、アクセスの分析結果などを提供してくれるサービスです。例えば、スマートフォンでInstagramのアプリケーションを開いて、「プロフィール画面」か、各投稿画像などの左下にある「インサイトを見る」をタップすると、投稿インサイトが表示されます。図4-13の例では、投稿に「いいね」をタップしたアカウント数や、この投稿を見たアカウント数を示す「リーチ」の回数がわかります。インサイトでこまめにチェックすることで、どのような投稿が効果的かわかります。

PCからデベロッパーツールを使って、Instagramへの投稿もできます。**2-8**でも解説したGoogle ChromeからInstagramを起動します（図4-14）。スマートフォンと比較すると投稿までの時間はかかります。しかしながら、デベロッパーツールが活用できると、投稿画像の細かい調整ができるだけでなく、文字入力が劇的に効率化できるので便利です。それぞれのSNSに応じたツールが提供されているので確認して進めてください。

図4-13 **Instagramのインサイトの例**

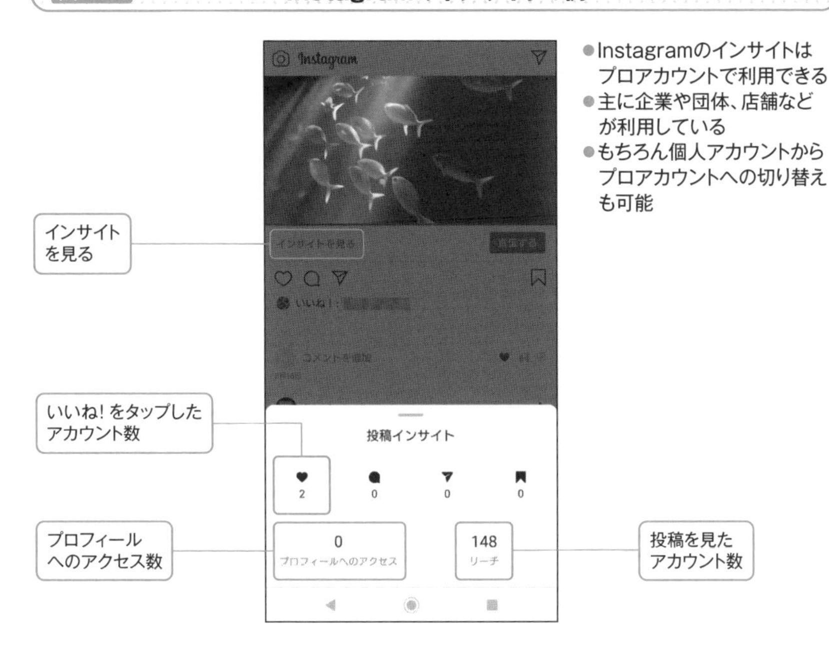

図4-14 **Google Chromeからの投稿の例**

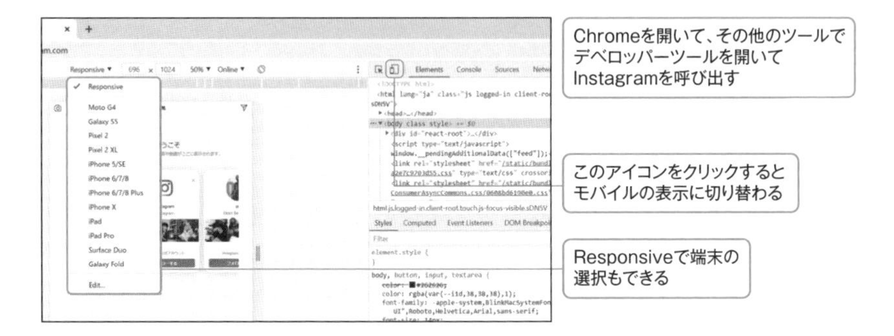

Point

- SNSを手掛ける際はユーザーとしての見え方だけでなく、管理者や開発者側のツールやサービスも確認する
- 提供されているツールやデベロッパーツールは使いこなしたい

企業でのWebシステムの活用

初めは内部のシステムから

現在では大手企業のシステムの多くはWebシステムとなりつつあります。中堅・中小企業などでのSaaS（**6-2**参照）の利用も増えてきたことから、どうしても移行できないシステムを除けば、基本はWebシステムとなりつつある時代です。今でこそこのような状況ですが、さかのぼると**企業でのWebシステムの活用は1990年代の後半から始まりました。**

図4-15で整理していますが、**当初は小規模な、いわゆる情報系システムから始まりました。**各部門で行われていたExcelでの実績管理などをイントラネットやWeb上でブラウザから入力するなどです。中・大規模以上の例では、交通費や休暇申請などの勤怠管理のシステムなどもあります。これらのシステムに共通するのは、限定的な業務で、単位時間当たりで同時に利用するユーザー数は少ないということです。

対外的なシステムへ

2000年代に入ると、製造業を中心に部品や資材の調達・購買や顧客との取引などを皮切りにして、**対外的なシステムに広がっていきます。**企業間の受発注などのシステムは、勤怠管理などと比べると常時稼働していて単位時間当たりのユーザー数も多いのですが、背景として、図2-22で見たような、Webアプリのデータベースの利用方法が型化できたことと、第9章で解説する負荷分散などの技術の確立が挙げられます（図4-16)。その後も普及し、現代の企業間のシステムはWebが基本となっています。

コンシューマー向けでは、オンラインショッピングの振興とともに、音楽やゲームの配信、ごく一部ですが動画配信なども始まっていたので、ビジネスのシステムと合わせて、やはり2000年頃に、現在のようなWebシステム利用の原型ができていたといえます。

図4-15 企業におけるWebシステムの普及例

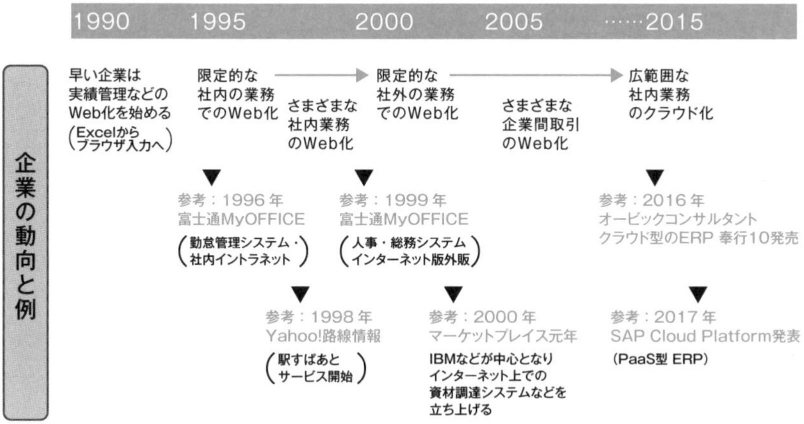

1990 1995 2000 2005 ……2015
企業の動向と例
早い企業は実績管理などのWeb化を始める（Excelからブラウザ入力へ）
限定的な社内の業務でのWeb化
さまざまな社内業務のWeb化
限定的な社外の業務でのWeb化
さまざまな企業間取引のWeb化
広範囲な社内業務のクラウド化
参考：1996年 富士通MyOFFICE（勤怠管理システム・社内イントラネット）
参考：1999年 富士通MyOFFICE（人事・総務システム インターネット版外販）
参考：2016年 オービックコンサルタント クラウド型のERP 奉行10発売
参考：1998年 Yahoo!路線情報（駅すぱあと サービス開始）
参考：2000年 マーケットプレイス元年 IBMなどが中心となりインターネット上での資材調達システムなどを立ち上げる
参考：2017年 SAP Cloud Platform発表（PaaS型 ERP）

- この20年で企業のさまざまなシステムがWeb化されてきた（個別システムのWeb対応）
- ここ数年はクラウド化が進んでいる（最初からクラウドのサーバー上に存在するシステムを利用）

図4-16 企業におけるWebシステム普及の背景

企業でWebシステムが普及した背景
データベースの利用方法の型化
負荷分散などの技術の確立
小規模な情報系システムは常時アクセスされることはなく、同時にアクセスする社員も少ない
基幹システムは多数の社員から常時アクセスされる

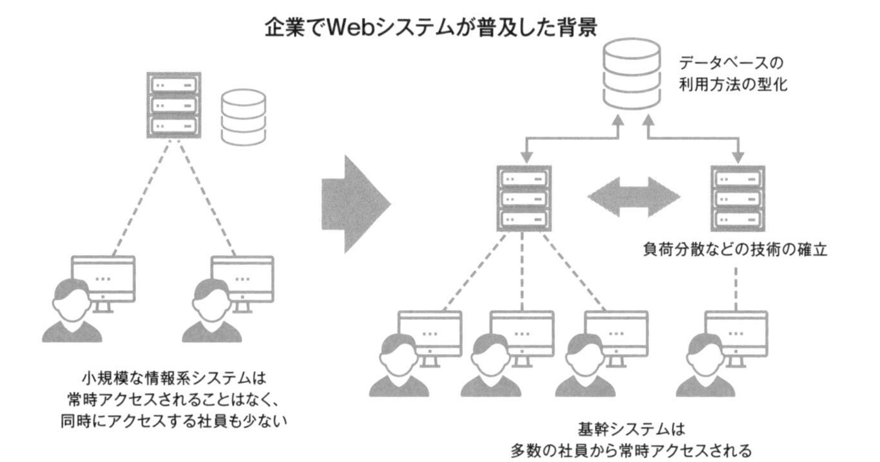

Point

- 企業システムのWeb化は1990年代の後半からで内部の利用から始まった
- 2000年代以降は対外的なシステムにも広がり、現在ではWebシステムが当たり前のようになっている

Web専用の職業

SEOコンサルタントの存在

2-2でWebは見た目を重視するシステムで、開発や運用の体制に専任のデザイナーが参画することがあることを解説しました。Webサイトのデザインを職業とするWebデザイナーは、IT業界にあってもWebシステムに固有の存在です。中にはファビコン（第7章「やってみよう」参照）専門のデザイナーもいるくらいですから、マーケットの大きさとさまざまなニーズがあることがわかります。

システムを開発するという観点では、他のシステムとの開発環境が若干異なることなどを別とすれば大きくは変わりませんが、短納期という特徴があります。小から中規模のサイトであれば、APサーバー、DBサーバーの実装まで含めても1カ月前後で納められることもあります。Webシステムが専門と打ち出している開発会社も多数あります（図4-17）。

Webデザイナーの他に、特徴的な職業として、いわゆるSEO（Search Engine Optimization）対策を支援する**SEOコンサルタント**がいます。

Webサイト立ち上げ時の2つの課題

SEOは当初、対象となるWebページがサーチエンジンで、上位に表示されることを意味していました。近年では、SNSやその他の媒体が増えてきたことから、領域も広くなり、**Webサイトだけでなく、その他の媒体も含めて、想定顧客を効率よくつかむ手法を意味しています。**

とはいえ、Webサイトにおけるサーチエンジン対策、SNSでのプロモーションとリンクなど、インターネット環境での取り組みが基本です。

実績のある企業や店舗などが、WebサイトやSNSをリニューアルする、あるいはこれからビジネスを始める企業や店舗・個人などは、Webシステムの開発と運用（どのシステムでも共通なこと）だけでなく、Webサイトのデザイン、SEO対策という課題に直面します。図4-18のように必要な部分では専門家に相談するのがよいでしょう。

図4-17 Webサイト開設までのパッケージ

必須のWebページ（Topの例）

バックヤードのシステム

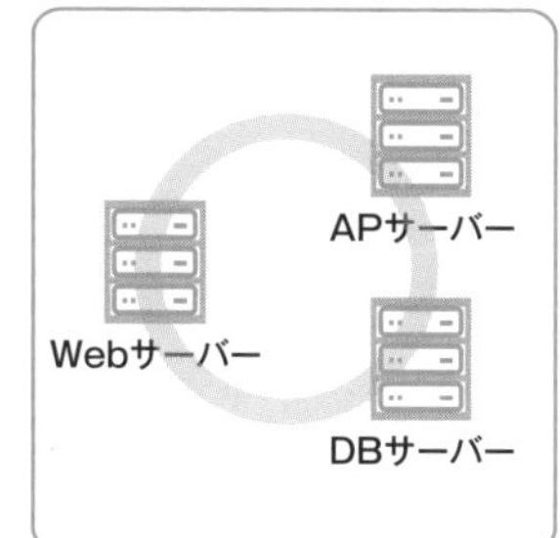

- Webシステムの開発では必須のWebページ
  （Top、商品・サービス紹介、プロフィール、問い合わせ、FAQ）などとバックヤードのシステム構築がセットになっていることが多い
- 企業や店舗がコンテンツを持っていれば、1カ月前後の「短納期」でWebサイトが立ち上がることも多い。Webサーバーだけであれば、1カ月もかからない
- デザイナーを含む・含まない、SEOを含む・含まない、SNSを含む・含まない、などがある
- 専門職としては、大きくはサイトのデザイン、開発、SEOの3つがある

図4-18 ユーザーから見た専門家との付き合い方

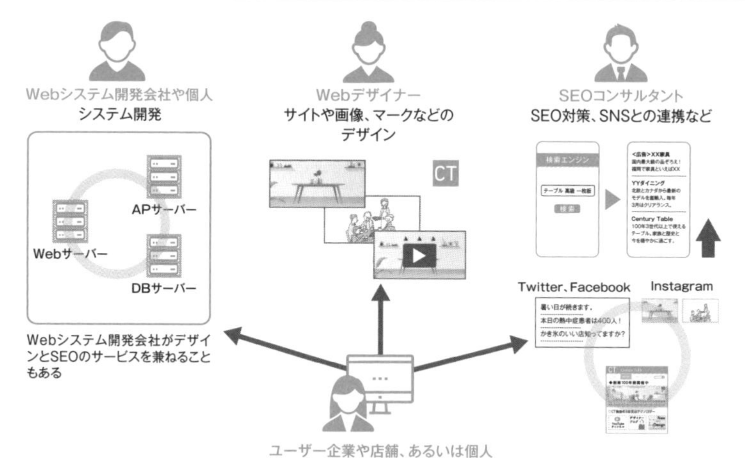

- 自らできることとできないことを切り分けて依頼する
- 今の時代、実際に会わないでWeb環境で仕事を進めることも多い

Point

- Web専用の職業として、WebデザイナーとSEOコンサルタントが挙げられる
- 現在のSEOは、Webサイトとその他のインターネットの媒体も含めて想定顧客を効率よくつかむ手法を指す

5Gが変えるWebの世界

動画と大容量データ通信

Web技術に関心がある方にとっては、5G（5th Generation：第５世代移動通信システム）についての最低限の知識は欠かせません。4Gまでとの違いを一言で表すと、何といっても**通信速度の違い**です。

図4-19では通信速度に応じたデータのダウンロードに必要となる時間を示しています。2Gから5Gの携帯電話システムの理論上考えられる下り方向での最大通信速度を示しています。特徴的なのは、4Gが提供する100Mbpsで10分前後を必要としていたのが、5Gの20Gbpsではわずか3秒となります。

5Gの利用に向けてはこれまでにさまざまな実証実験が行われてきました。それらの多くはリアルタイムで動画を送受信しながら、何らかの判断や処理を実行するものでした。そのような経験から、5Gでは「動画」と「大容量データの送信」がテーマとなっています。

進む高速化と変わるWebの世界

初めに5Gの恩恵を受ける端末としてはスマートフォンが挙げられます。対応するネットワーク機器や製品が増えていけば、企業や団体のオフィスのLANなどにも影響を与える可能性は高いです。図4-20のように、すでにクラウド事業者やごく一部の大手企業の内部ネットワークでは、数十GbpsのLANに対応する動きもあります。5Gの展開は間違いなく、過去もそうであったようにデータ通信の高速化に拍車をかけていきます。

5Gの活用が浸透すると、これまでにない鮮明な画像や凝ったイラストなどを表示するWebサイトの実現も可能になります。私たちが見慣れているやや控えめな画素数の画像で構成されるWebページから、美しい映像や画像を駆使したこれまでと異なるWebの世界に移行していくということです。近いうちに多くのトップページが変わっていくでしょう。

今から研究をして準備を進めていくべきです。

図4-19 各世代による通信速度と高速化

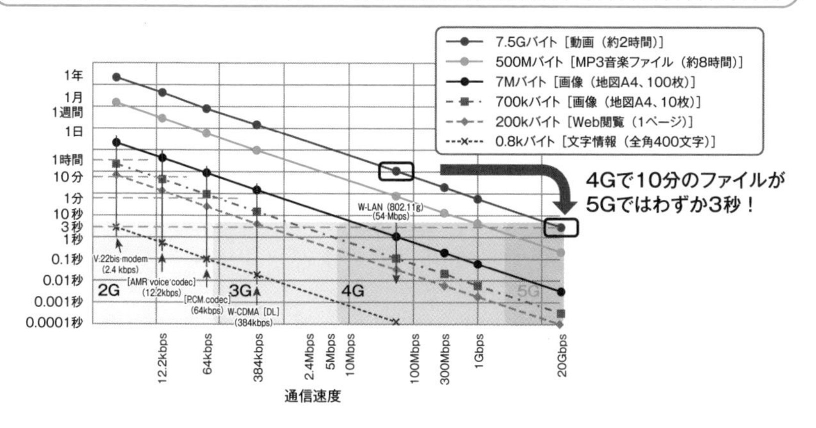

図4-20 すでに始まっている高速化と5Gで変わるWebサイトの例

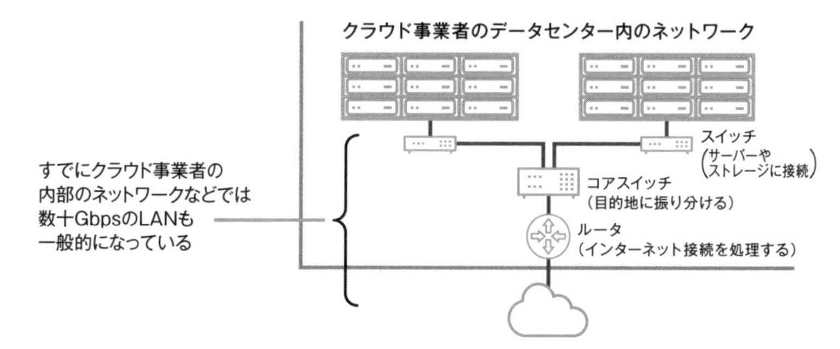

【現在のWebサイトの例】

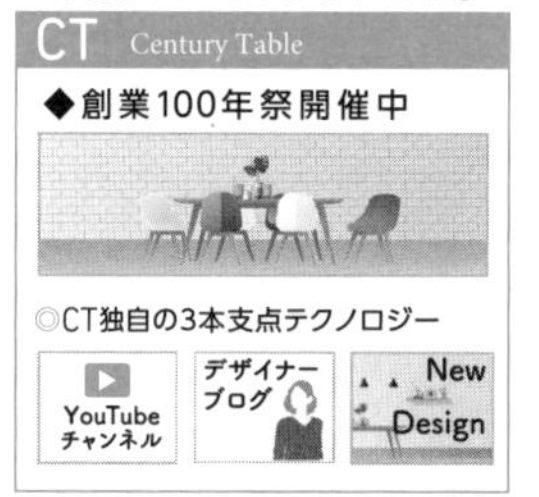

●現行のLANや4Gに合わせた控えめな画像

【5G時代のWebサイトの例】

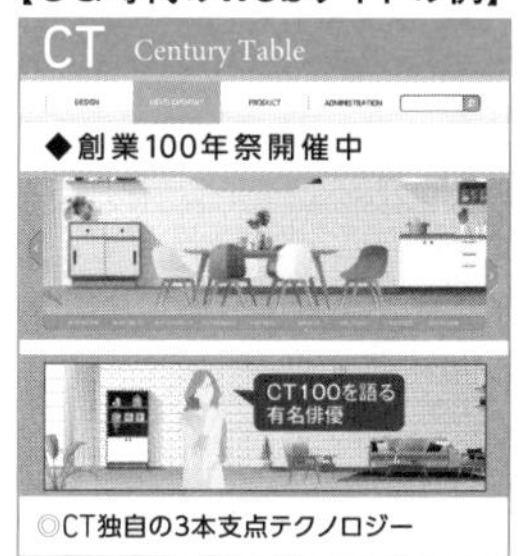

●映画や4Kを見るような美しい画像や映像
●見る側としてはこちらのページの方が楽しい！

Point

- 5Gはこれまでの世代と比較すると通信速度がはるかに高速
- 5Gが浸透すると既存のWebサイトは大きく変わる可能性が高い

やってみよう

デベロッパーツールを使ってみる

第2章や第4章で、デベロッパーツールを利用することでWebページの裏側や各種のデータのやりとりを見てきました。「やってみよう」では、Microsoft EdgeやGoogle Chromeのデベロッパーツールを実際に操作してみます。操作自体は簡単です。

デベロッパーツールのNetworkタブでレスポンスタイムを測定する

以下はWindows PCでの例です。

- **Microsoft Edge**
  設定など（…）→その他のツール→開発者ツール
- **Google Chrome**
  Google Chromeの設定（⋮）→その他のツール→デベロッパーツール

いずれも、F12キーでも表示することができます。Networkタブをクリックした後で、対象となるページを読み込ませます。

Microsoft Edgeの画面例

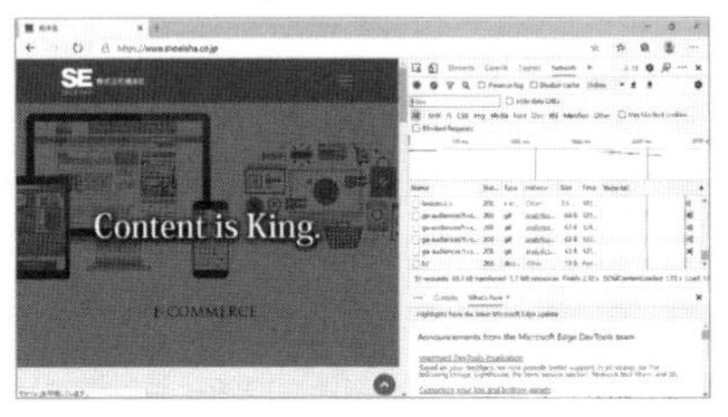

Google Chromeの画面例

上記はCtrl+Rで再読み込みをした結果の画面の例ですが、いずれも2.1秒台でした。ぜひ、興味のあるサイトでやってみてください。

第5章

Webと異なるシステム
～Webに載らない、載せないシステム～

» Webにできないシステム

Webと異なるシステム

ここまで、Web技術の概要を解説してきました。

世の中の情報システムの中において、Web技術を利用したシステムはかなり増えてきています。一方で、現在の状態から**Webに移行できないシステム**や、そもそもWebに向かないシステムもあります（図5-1）。

本章で**Web化できないシステムを見ることで、Web技術への理解が一層深まる**と想定しています。

Webにできないシステム、あるいはWeb以外のシステムとはどのようなものがあるでしょうか。

小規模なオンプレミスのシステム

まず挙げられるのは、小規模でユーザーが限定されている部門内などにおける**オンプレミス**のシステムです。オンプレミスは、自社でIT機器その他のIT資産を保有して、自らが管理している敷地内に設置して運用する形態です。

オンプレミスのシステムの中でも、Webに移行しない・できないシステムは外部のネットワークに接続しない形態のものです。インターネットを利用するシステムは、さまざまな場所や異なるネットワークから接続できることが大きなメリットですから、その必要のないシステムです。したがって、このようなシステムは今後もWeb化されることはないでしょう（図5-2）。

それでは、それらと条件は違いますが、規模が大きい、あるいは外部ネットワークへの接続の必要性もあり得るシステムではどうでしょうか。この後に解説する例のように、実はシステムの規模とWeb化に関係はありません。**外部のネットワークに接続する必要がないというよりは、内部のネットワークにクローズしたいシステムと言い換えた方が適切かもしれません。**

図5-1　情報システム全体でのWebシステムのウエイト

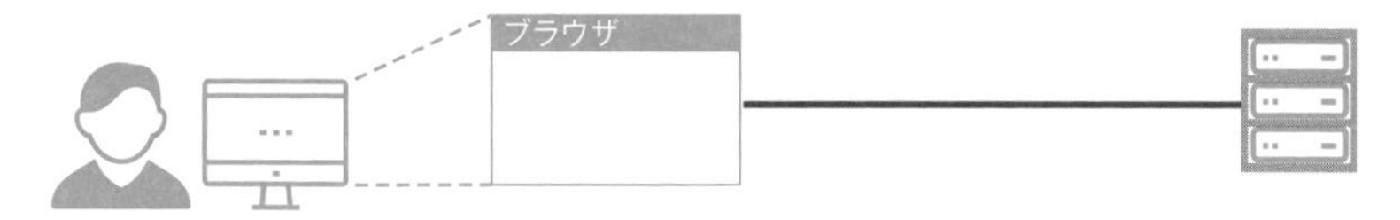

現在のように、多くのシステムがWeb化していると、
すべてのシステムがインターネットやクラウドで利用できているかのように
思ってしまうが、Webに移行できないシステムやWebに向かないシステムもある

世の中の情報システム

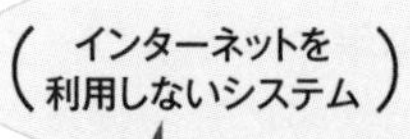

図5-2　Web化しにくいシステムの位置づけ

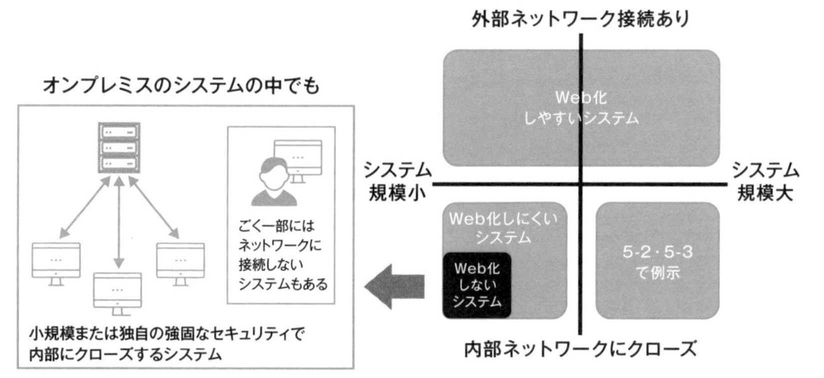

例：社外秘情報を扱うシステム（人事、顧客、特許）
　　などが挙げられる

Point

- Webシステムを理解するためには、逆の立場にいるWeb化できないシステムを見ておくとわかりやすい
- ごく小規模で外部のネットワーク接続の必要がないシステム、内部にクローズしたいシステムはWeb化する必要はない

止めることができないシステム①

交通機関のシステム

現在の交通機関のシステムはWebで予約ができて、その情報をもとにチケットを発券しなくても乗車や搭乗ができるようになっています。

しかしながら、裏側で私たちの移動を支えている電車や飛行機などの運行を管理するシステムは、**各社のクローズされた専用のネットワークの中で動いています**。管制室に届く駅や電車などからの情報に万一遅延が生じると、全体の運行に支障が出ることから、インターネット接続に切り替えることはできません（図5-3）。

なお、私たちが日常的に利用している自動改札のシステムは、自動改札機とICカードである程度の処理ができることと、システムのブロックごとに分業化が進んでいることから、部分的にインターネット通信にできる可能性はあります。

電力会社のシステム

鉄道会社とは異なるシステムですが、電力会社などが発電所を管理するシステムも、同様に独自のネットワークがあって機能しています。

発電所などで何か問題が発生したときに、インターネット経由での通信のようなタイムラグや何らかの原因での通信エラーがあると、電力の供給が止まる時間や頻度が増える可能性があり得ます。このようなシステムもWebに移行するのは難しいのです（図5-4）。

社会基盤インフラに関わるシステムは、24時間365日止めることができないので、以前は**ミッションクリティカルなシステム**と呼ばれることもありました。これらは、重要性はもちろんですが、業務自体やユーザーが許容できる**レスポンスタイム**が極めて短いことも、共通の要求事項となっています。

図5-3 鉄道会社のシステムの例

鉄道の運行管理システム

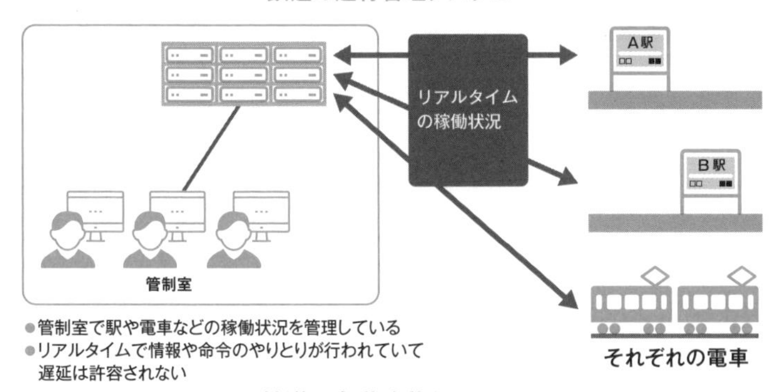

鉄道の自動改札システム

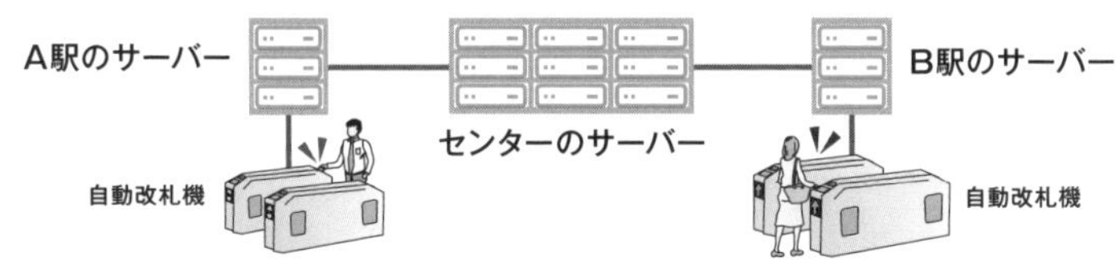

- 自動改札機でタッチしてから、0コンマ何秒の性能でICカードに書き込みをして定期的にサーバーと通信をしている
- 自動改札機、駅や拠点のサーバー、センターのサーバーなどのシステムのブロックで分業ができていることから、インターネット環境にすることも不可能ではない

図5-4 電力会社のシステムの例

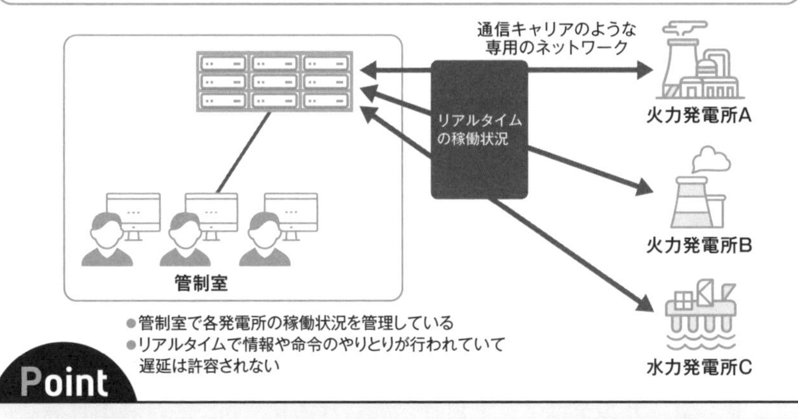

Point

- 鉄道会社や電力会社は強固な専用のネットワークを保有している
- 社会基盤のシステムをWebに移行するのは、止めることができない重要性や厳しいレスポンスタイムへの要求などから難しい

止めることができないシステム②

銀行取引のシステム

5-2で、鉄道や電力会社などのシステムはWebに移行するのが難しいことをお伝えしました。より身近なシステムにもそうしたものがあります。

社会基盤のシステムと並ぶミッションクリティカルなシステムとして、銀行などの金融機関のシステムがあります。

例えば、**ATM**での出金で、正常に動作していれば、特にストレスを感じるような待ち時間はないでしょう。ATMが入出金専用マシンとして機能しているのは、専用のネットワークが支えているからです（図5-5）。個人や法人の生活や事業があるので、お金が動かせない事態だけは避けなければなりません。また、最近は減っていますが、約束手形などの支払いができないと不渡りとなり、金融機関全体との取引が厳しくなります。倒産につながる可能性もあるなど、銀行取引のシステムの停止は、ビジネスの世界に大きな影響を与えます。最近では振り込みや外貨取引などのインターネットでの取引が増えてきましたが、**現金の動きがある限りは止めることができないシステム**です。

クラウド化が進みつつある医療の世界

交通、社会インフラ、金融などとともに医療関連のシステムも止めることができないシステムのひとつに挙げられます。

病院では、産業界でのERPに相当する最重要なシステムとして**電子カルテシステム**があります。総合病院などで医師がPC上で患者のカルテを見て診断を行うなど、事務も含めて病院業務全般で利用されています。こちらは少し変化が起きていて、**一部ではすでにクラウド化が進んでいます**（図5-6）。

「なぜ、電子カルテは？」と思うかもしれませんが、ミリ秒の世界でのレスポンス要求ではないことや、もともと病院が強固な専用ネットワークを保有していないことが背景にあります。つまり、Web化への鍵や可否は、レスポンスタイムと独自ネットワークの必要性にあります。

図5-5 銀行のシステムが停止すると……

銀行のシステムが停止したり不安定になったりすると……

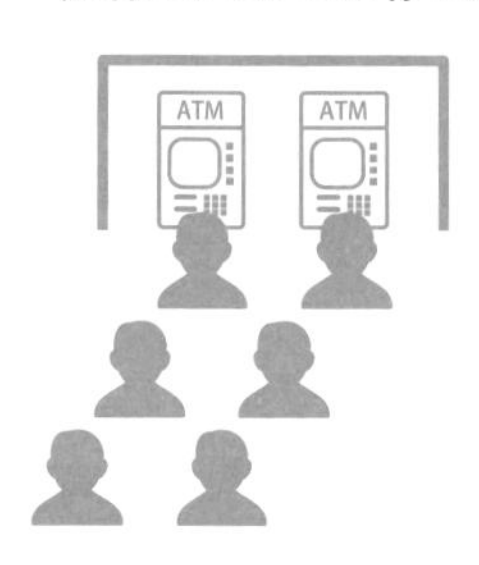

- ATMでのスムーズな入出金ができなくなる
- 現金が引き出せないことで生活に困る人も出てくる
- ATMは一例だが、銀行の取引を管理するメインのシステムは「勘定系」と呼ばれている
- ネット銀行のように、現金を伴わない取引はWeb化が進んでいくが、直接的に現金に関わる箇所のWeb化は困難

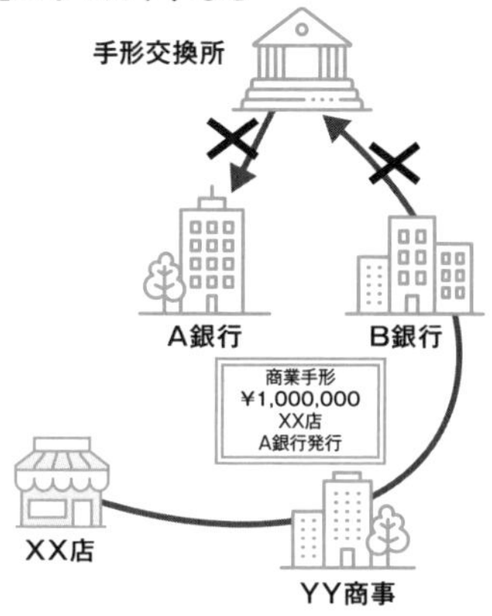

- 手形を発行した側の不渡りや手形を入手した側の資金繰りにも影響を及ぼす
- 倒産などにつながる恐れがある

図5-6 病院の電子カルテシステムの例

病院の電子カルテシステム

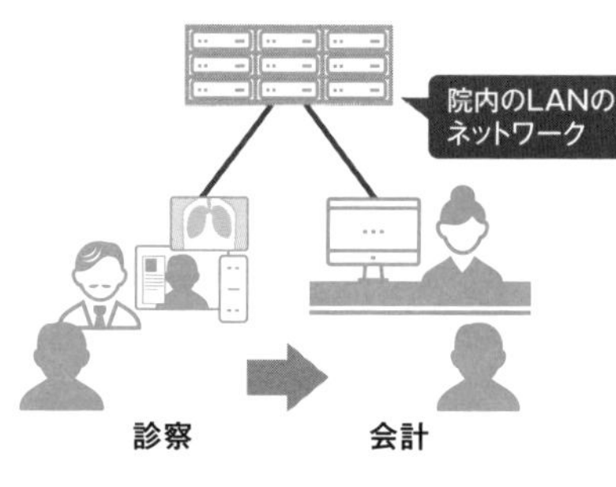

- 電子カルテシステムでは患者（顧客）の動線とともにシステムが連動している
- 一般には知られていないが、産業界のERPのような最重要なシステム

クラウド型の電子カルテシステム

- レスポンス要求が厳しくないこと
- 強固な専用ネットワークではないことから、セキュリティが保たれればクラウド化も許容
- 中規模の病院では徐々にクラウド化が進みつつある

Point

- 銀行の現金取引に関わるシステムが止まると入出金ができないので、Web化することは難しい
- 医療の世界で最重要な業務システムである電子カルテシステムは徐々にクラウド化が進みつつある

既存システムのクラウド化の障壁

クラウドのサーバーは仮想サーバー

既存のシステムをWeb化する場合には、そのためのインフラが整備されているクラウド環境に乗せるのが近道ですが、その際に障壁となるのは、クラウドサービスで提供されているサーバーが仮想サーバーであることです。仮想サーバーは、Virtual Machine（VM）、インスタンスなどとも呼ばれます。

物理サーバーを例として説明すると、1台のサーバーの中に複数台のサーバーの機能を仮想的あるいは論理的に持たせることを意味します（図5-7）。物理サーバーに仮想環境を構築する専用のソフトウェアをインストールして実現しますが、クラウドサービスでのサーバーの作成やレンタルサーバーの利用では、ユーザーとしても気をつけて見ていないと仮想サーバーと気づかないこともあります。

仮想環境であることを確認する

仮想化のソフトウェアとしては、VMWareやHyper-V、OSS（オープンソースソフトウェア）のXen、KVMなどが有名です。物理サーバーに対して仮想サーバーを割り当てますが、仮想化ソフト上での仮想サーバーの見え方は、図5-8のようにシンプルです。運用監視ソフトが多数のサーバーの稼働状況を見るのと同じように管理できます。

企業や団体のシステムでも、仮想サーバーの導入は、かなりの割合で進んでいますが、比較的古いシステムでは仮想環境になっていないものも多いです。

クラウド事業者や大量のレンタルサーバーを保有しているISPでは、仮想サーバーがあることで、効率的な運用ができるようになっています。

既存のシステムで更新などが求められているものは、システムが古いことも多いので、**仮想環境になっているかの確認が必要**です。仮想化されていて、同じ仮想化ソフトであれば、比較的スムーズに、クラウドサービスやレンタルサーバーに移行することができます。

図5-7　**仮想サーバーの概要**

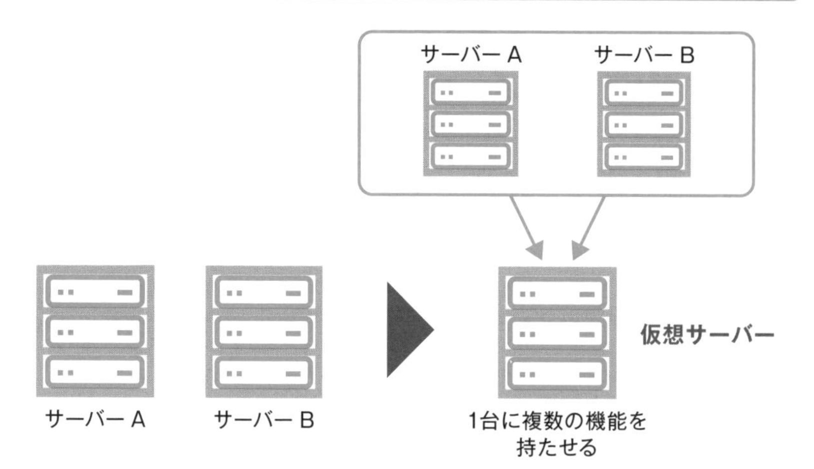

図5-8　**仮想サーバーの見え方の例**

Hyper-Vマネージャーの画面例

1台の物理サーバーに、business process A・B、hadoop #0～#3 の6台の仮想サーバーが設定されている例

Point

- クラウドサービスやレンタルサーバーでは、基本的には仮想サーバーでサービスが提供されている
- 既存のシステムをクラウド化したい場合には、仮想化ができているかどうか確認してほしい

Webと相性のよい メールサーバー

メールを送信する機能やサーバー

本書では**1-10**で説明したように、メールのしくみはWebに含んでいませんが、Webと相性がよく一緒に利用されることも多いので簡単に見ておきます。メールは送信と受信でプロトコルが異なるので、機能とともにサーバーも別に立てることもあります。

初めに、**メールを送信する**SMTP（Simple Mail Transfer Protocol）サーバーですが、メールを送信するプロトコルを利用します。メール送信の流れは、図5-9のようにメールソフトでメール送信用に設定しているSMTPサーバーにメールのデータを送ることから始まります。

SMTPサーバーはメールアドレスの@の後ろにあるドメイン名を確認して、DNSサーバーにIPアドレスを問い合わせます。IPアドレスを確認できたらメールを送信します。

メールを受信する機能やサーバー

メールを受信するのはPOP3（Post Office Protocol Version3）サーバーで、メールを受信するプロトコルを利用します。図5-10を見ると、SMTPサーバーには送信側のサーバーと受信側のサーバーがあります。図5-10のように、送信側のSMTPサーバーから受信側のSMTPサーバーに、サーバー間のやりとりでメールデータ自体は届きます。そして、受信側のSMTPサーバーに、ユーザーが自分宛てのメールを受け取りに行く際にPOP3サーバーを利用します。SMTPサーバーは送信命令があれば直ちに相手のSMTPサーバーにデータを送りますが、POP3サーバーはメールソフトで設定された定期間隔で確認するなどの処理の違いもあります。

SMTPとPOP3はサーバーとして独立することもありますが、**小規模な場合はWebサーバーとともに機能として同居することも多い**です。

図5-9 **SMTPサーバーの概要**

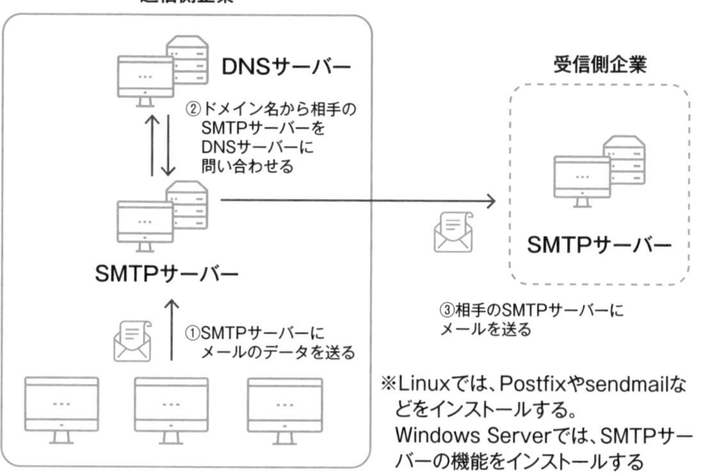

図5-10 **POP3サーバーの概要**

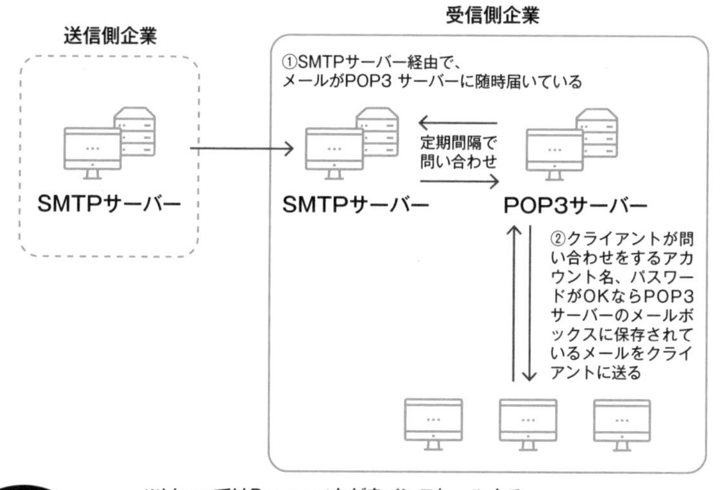

※LinuxではDevecotなどをインストールする

Point

- メール送信ではSMTPサーバーや機能が、受信ではPOP3サーバーが利用されている
- 小規模なシステムではWebサーバーにメールの機能が同居することが多い

インターネット以外のネットワーク

企業や団体のネットワークの基本

ほとんどの企業や団体がインターネットを利用していますが、内部のネットワークの基本はLAN（Local Area Network）です。拠点間は、キャリアが提供する通信網であるWAN（Wide Area Network）を利用しています。このLANやWANで構成される企業内ネットワークはイントラネットと呼ばれることもあります（図5-11）。

ここまでにも解説してきたように、このような状態を前提としたうえで、すべてのシステムのWeb化やクラウド化を目指す、できるものをクラウド化する、特にそのような必要はない企業や団体の3つのタイプがあります。

いずれにしても、LANとWANのネットワーク、インターネットのサービスを利用しています。WANの部分は専用線を初めとする固定回線のサービスです。従業員などによる外部からの接続はVPN（Virtual Private Network）などを利用することも増えています。したがって、世の中の情報システム全体で考えると、まだまだ有線や無線のLANを中心としたシステムが多いのが実態です。

LANが残る理由

LANが残る理由として、各種システムのサーバーとサーバーに接続されているネットワーク機器が有線LANで接続されていることがあります（図5-12）。データ通信の品質とセキュリティの観点からこのようになっていますが、そのためにサーバーを物理的に自由に外部に移動することはできません。

第3章の後半で見たように、新システムのサーバーをクラウドで作るのはオンプレミスより容易ですが、既存のシステムを丸ごとインターネット環境に移行するのは、**5-4**でも解説したように、それほど簡単ではありません。以前からWeb化やクラウド化が叫ばれていて急速に増えてきましたが、ミッションクリティカルなシステムを除いても、**すべてのシステムがインターネット上に乗るにはまだまだ時間が必要**です。

図5-11 **LANとWANの例**

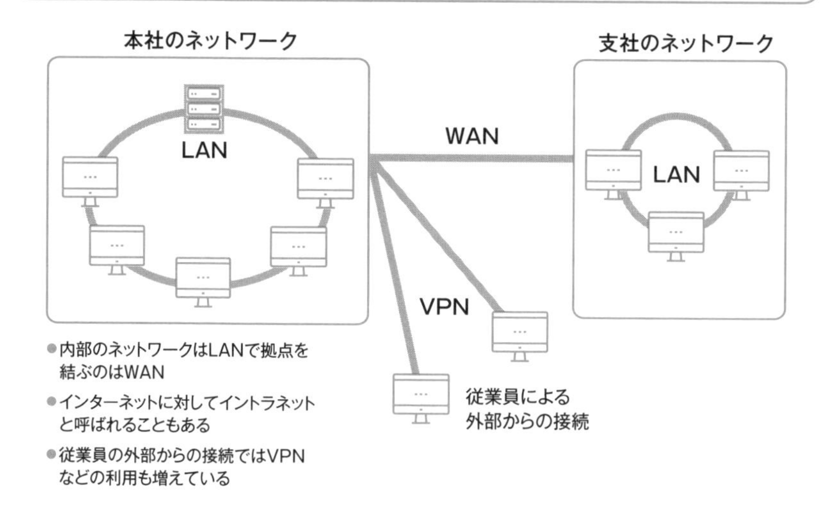

図5-12 **サーバーに対しての物理的な接続は有線LAN**

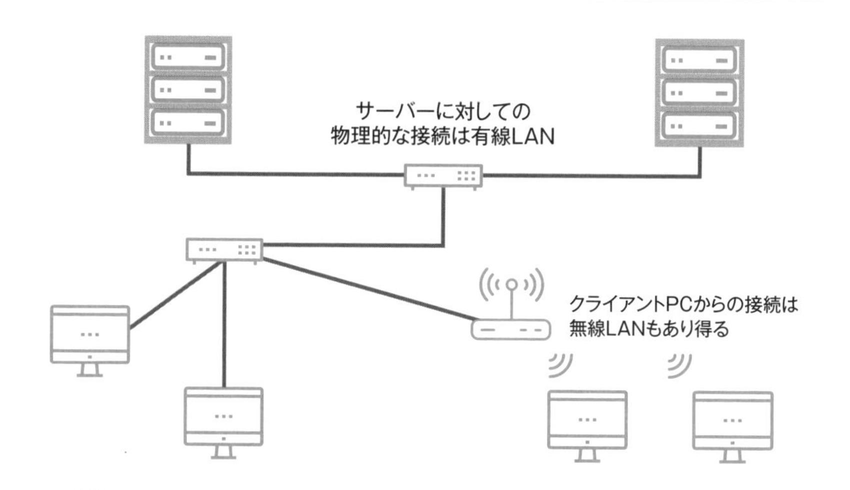

Point

- 企業や団体のネットワークの基本はLANとWAN
- 企業のシステムのWeb化やクラウド化は急速に進みつつあるが、まだまだ内部ネットワークに閉じたシステムも残っている

サーバーの機能の違い

オフィスで一般的なファイルサーバー

第3章の後半では、Webサーバーの構築について解説しました。インストール作業を終えて立ち上がったWebサーバーを見ると、さまざまな機能があるようにも思われます。しかしながら、Webサーバーは、どちらかというと、さまざまなサーバーの中では特別な存在です。

例えば、オフィスで日常的に使われているファイルサーバーについて考えてみます。クライアントPCがWindowsで、サーバーがWindows Serverであれば、ソフトウェアの機能としては、**「ファイルサーバー」と「ファイルサーバーリソースマネージャー」の追加が必要**となります。サーバーがLinuxの場合には、Sambaのインストールや設定が必要となります（図5-13）。

これらのファイルサーバーの機能は、オフィスで圧倒的に多いWindows PCのクライアントが、いずれかのワークグループに属しているというマイクロソフトのWindowsのネットワークの考え方を前提としています。ネットワークの接続もLANが前提となります。

Webサーバーには内部のシステムは同居しない

対して、Webサーバーの機能は、Webサーバーにアップロードされているコンテンツを、インターネット経由で閲覧できるようにすることにあることから、一部に近い機能はあるもののまったく異なるシステムです。また、**不特定多数の外部の端末から接続を受けることができるWebサーバーの中に、内部のネットワークで共有する各種業務のファイルを置くことや、ファイルサーバーの機能を同居させることは基本的にはありません**（図5-14）。

オフィス内で活躍しているファイルサーバーと各種の業務システムなどは、同じネットワーク環境の中で同居することも多いのですが、Webサーバーはそれらとは異なる存在であり、特別な価値を提供しています。

図5-13 Windows ServerのファイルサーバーとSamba

Windows Serverの「サーバーの役割の選択」

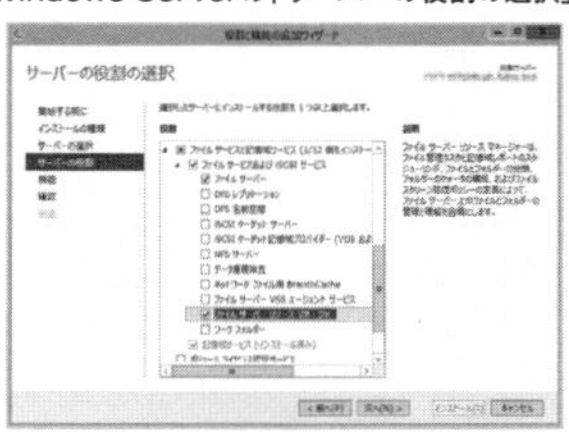

Linux（CentOS）でのSambaのインストール画面

Windows Serverのファイルサーバー

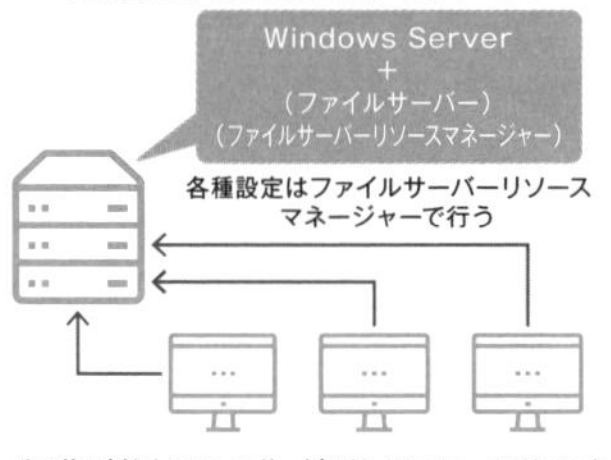

Linuxのファイルサーバー

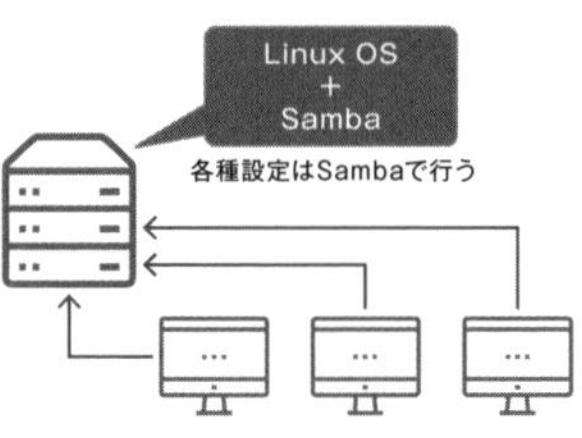

その他の例としてメールサービスは、WindowsではメッセージングプラットフォームであるExchangeServerなどに機能が準備されている。LinuxではSMTPサーバー用にPostfixやSendmail、POP3/IMAPサーバー用にDovecotなどを個別にインストールまたは設定する

図5-14 外部と内部のシステムは別

Webサーバー（外部向けシステム）

- Webサーバーは外部の端末からの接続を受けるので内部の共有ファイルやシステムなどを一緒に置くことはしない
- FTPやメールの機能が同居することはある

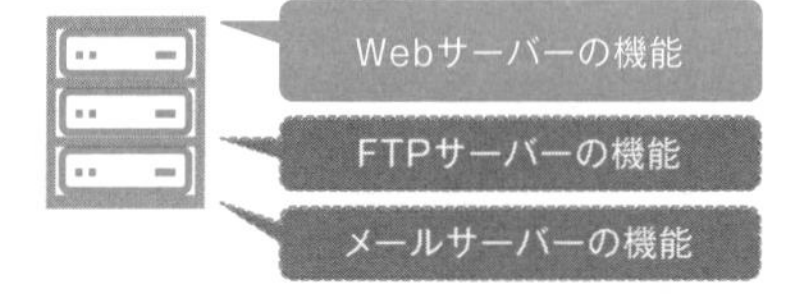

ファイルサーバー（内部向けシステム）

ファイルサーバーは内部の端末からの接続に閉じているので業務システムなどと同居することが多い

Point

- ファイルサーバーを立てるには、Windows Serverではファイルサーバーの機能追加、LinuxではSambaのインストールや設定が必要となる
- 外部の不特定多数の端末から接続されるWebサーバーに、内部のファイルサーバーや業務システムが同居することはない

やってみよう

pingコマンド

業務システムでもWebでも使うことがあるコマンドとして、pingコマンドがあります。pingコマンドでは、操作しているデバイスから相手のデバイス（ここではWebサーバーなど）に通信ができているかどうかを確認できます。業務システムであれば、サーバーとの通信ができているかの確認で利用します。Windows PCでもLinuxの端末でもどちらでも使える便利なコマンドです。実際にやってみましょう。Windows PCではコマンドプロンプトを実行します。

pingコマンド発行後の例

この例では、pingコマンドの後にIPアドレスを入力しています。

左がWindows PC、右がLinuxの例です。若干見え方は異なりますが、おおむね同じ情報が取得できます。

Windowsでのpingコマンドの例

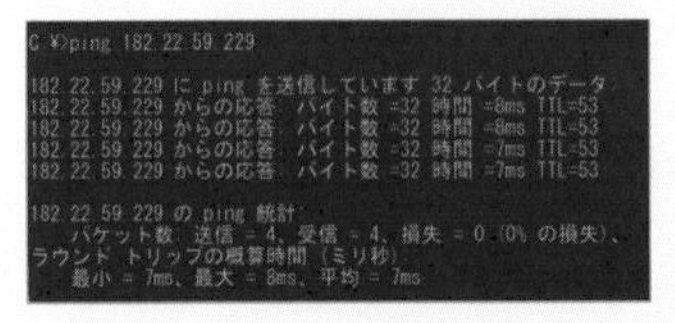

```
C:¥>ping 182.22.59.229

182.22.59.229 に ping を送信しています 32 バイトのデータ:
182.22.59.229 からの応答: バイト数 =32 時間 =8ms TTL=53
182.22.59.229 からの応答: バイト数 =32 時間 =8ms TTL=53
182.22.59.229 からの応答: バイト数 =32 時間 =7ms TTL=53
182.22.59.229 からの応答: バイト数 =32 時間 =7ms TTL=53

182.22.59.229 の ping 統計:
    パケット数: 送信 = 4、受信 = 4、損失 = 0 (0% の損失)、
ラウンド トリップの概算時間 (ミリ秒):
    最小 = 7ms、最大 = 8ms、平均 = 7ms
```

Linuxでのpingコマンドの例

```
[                    ~]$ ping 182.22.59.229
PING 182.22.59.229 (182.22.59.229) 56(84) bytes of data.
64 bytes from 182.22.59.229: icmp_seq=1 ttl=31 time=159 ms
64 bytes from 182.22.59.229: icmp_seq=2 ttl=31 time=160 ms
64 bytes from 182.22.59.229: icmp_seq=3 ttl=31 time=160 ms
64 bytes from 182.22.59.229: icmp_seq=4 ttl=31 time=159 ms
^C
--- 182.22.59.229 ping statistics ---
4 packets transmitted, 4 received, 0% packet loss, time 3003ms
rtt min/avg/max/mdev = 159.959/159.997/160.036/0.490 ms
```

pingコマンドの後に、ドメイン名を直接入力しても、同じような結果を得ることができます。第3章の「やってみよう」のnslookupコマンドで取得したIPアドレスなどを入力して試してみてください。

なお、ネットワーク関連のコマンドとして、ipconfig（Windows PC用コマンド、Linuxの場合はifconfig）、tracert（Windows PC用コマンド、Linuxの場合はtraceroute）、arp（Windows、Linux共通）などがあります。

第6章

クラウドとの関係

～現在のWebシステムの基盤を理解する～

クラウドの概要と特徴

クラウドとは?

クラウドとは、クラウドコンピューティングの略称で、**情報システムならびにサーバーやネットワークなどのIT資産をインターネット経由で利用する形態**をいいます。近年はWebシステムをクラウド上で提供することも増えてきました。

クラウドは、クラウドサービスを提供する事業者とそれらのサービスを利用する企業や団体、個人で構成されます。もともとは、インターネットを表現していた雲のマークで表現されることも多くなってきました(図6-1)。

クラウドサービスの特徴

クラウドサービスには図6-2のように、いくつかの特徴がありますが、Webのシステムやサービスとの相性は抜群です。

❶利用に関する特徴

- 従量課金
  システムを利用した時間や量に応じて費用が発生します。
- 利用量の拡大や縮小が容易
  利用状況に応じた調整が容易にできます。

❷IT機器やシステムに関する特徴

- IT機器や関連設備はクラウド事業者が保有
- 機器や設備などの運用はクラウド事業者が行う
- セキュリティや多様な通信手段への対応が整備されている

3-9以降で、Webサーバーやシステムを構築する際に、自前、レンタルサーバー、クラウドサービスの違いを解説しました。❶だけでなく❷の特徴もあることから、**変化が想定される、先の見通しが立てにくいサービスやシステムなどに適しています。**

図6-1 クラウドの登場人物

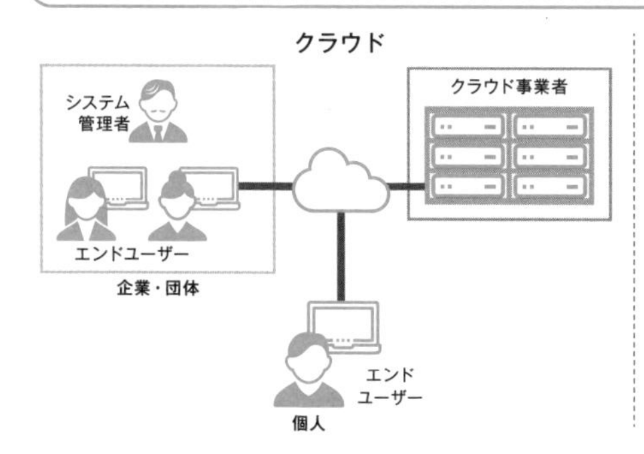

オンプレミス

システム
管理者

運用
担当者

保守担当者
（主にメーカー）

エンドユーザー

企業・団体

- ここには出ていないが、システム構築の際の設計者や開発者も存在する
- オンプレミスの方が登場人物ははるかに多い

図6-2 クラウドサービスの特徴

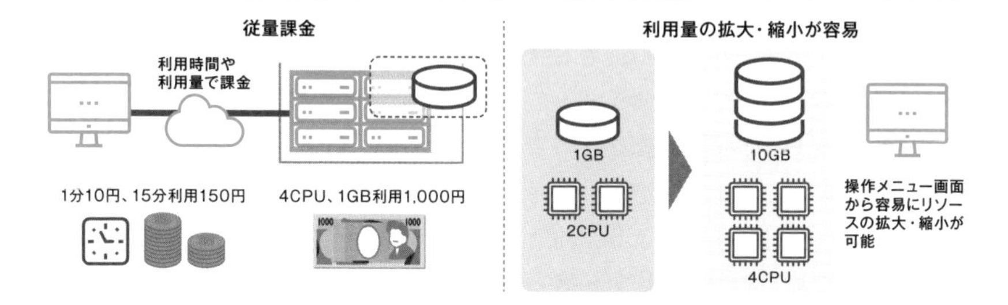

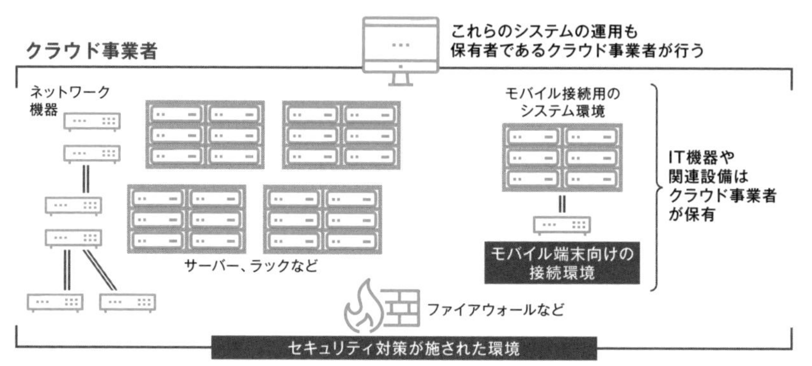

Point

- クラウドは情報システムやサーバー、ネットワークなどのIT資産をインターネット経由で利用する形態
- フレキシブルな利用量の変更、セキュリティや多様な通信手段への対応など、変化が想定されるサービスやシステムに適している

クラウドのサービスの分類

クラウドの主要な3つのサービス

現在のクラウドでは、ICTリソースのすべてが提供されていて、サービスの多様化が進んでいます。企業や団体が困っている、あるいは苦手な部分だけを利用することもできるようになっていますが、ここで改めて主要な3つのサービスを見ておきます（図6-3）。

- IaaS（**Infrastructure as a Service**）
  事業者がサーバーやネットワーク機器、OSを提供するサービスで、ミドルウェアや開発環境、アプリケーションは、ユーザーがインストールします。
- PaaS（**Platform as a Service**）
  IaaSに加え、ミドルウェアとアプリケーションの開発環境が実装されています。ISPのレンタルサーバーはWebシステムに特化したIaaSやPaaSです。
- SaaS（**Software as a Service**）
  ユーザーがアプリケーションとその機能を利用するサービスで、アプリケーションの設定・変更などを行います。

クラウドネイティブの登場

Webサイトを含めたWebアプリやシステムでは、IaaSかPaaSが選択されます。クラウドネイティブと呼ばれているように、**クラウド環境でシステムを開発してそのまま運用する形態も増えてきた**ことから、PaaSの利用が増えています（図6-4）。

IaaSやPaaSは業界での呼称ですが、クラウド事業者の大半は両方のサービスを提供しています。

図6-3 IaaS、PaaS、SaaSの関係

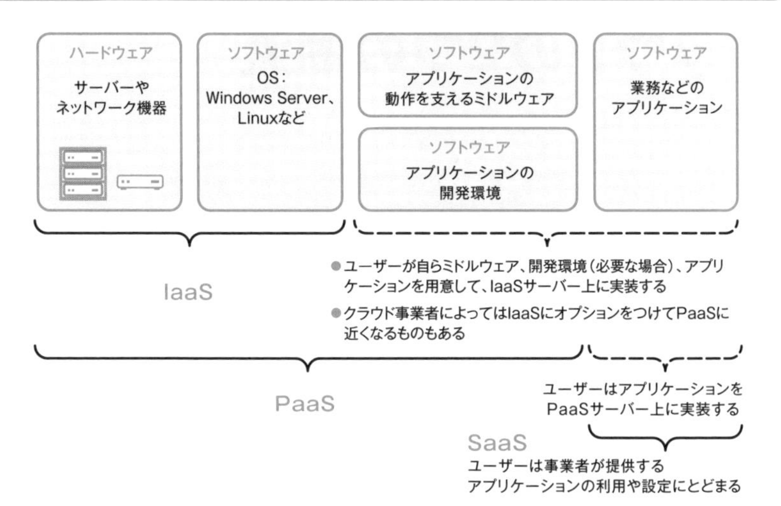

図6-4 クラウドネイティブによるシステム開発

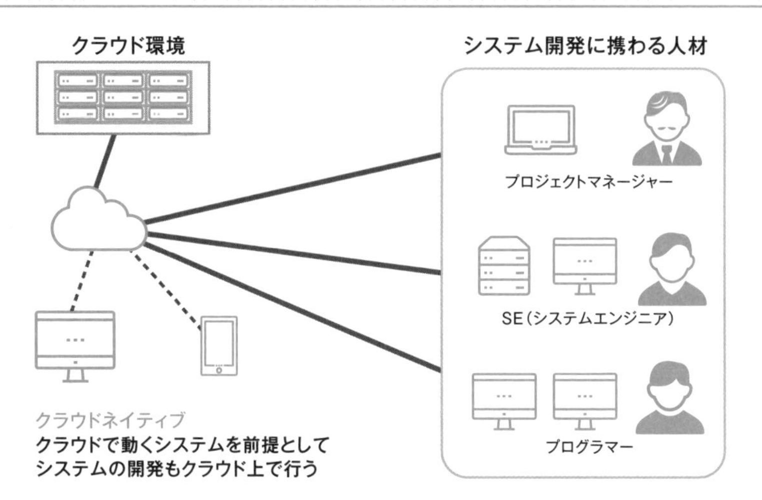

Point

- 検討しているサービスや利用しているサービスをIaaS、PaaS、SaaSの3つの観点で見てみる
- クラウド環境でシステムの開発から運用までできるかどうか考える

クラウドの2つの潮流

クラウドといえばパブリック

一般的にクラウドサービスというときには、いわゆるパブリッククラウドを指すことが多いです。

パブリッククラウドは、クラウドサービスの象徴的な存在であるアマゾンのAWS、マイクロソフトのAzure、グーグルのGCPなどが、不特定多数の企業や団体、個人に対して提供しているサービスです。

パブリックの特徴は、コストメリットや最新技術がいち早く利用できることが挙げられますが、ユーザーが利用するサーバーなどに関しては、システムの全体構成の中で最適な場所のCPU・メモリ・ディスクに割り当てられることから、自らが契約しているサーバーがどれかは見えません（図6-5）。

プライベートクラウドとWebシステム

それに対して、自社のためにクラウドサービスを提供する、あるいはデータセンターなどに自社のためのクラウドのスペースを構築するのがプライベートクラウドです。この形態であれば、どのシステムがどのサーバーを利用しているか把握できます（図6-6）。

クラウドの市場自体は毎年拡大を続けていますが、近年、プライベートのニーズが増えています。

現在の動向からすれば、**社内や取引先などを含む特定ユーザー向けのWebシステムであれば、プライベートでの提供が増えていく**と想定されますが、不特定多数のユーザー向けや、変更が多いシステムでは、これまでと同様にパブリッククラウドが選択されるでしょう。

クラウドとレンタルサーバーの使い分けのポイントは、提供するサービスやシステムのパターンや規模が決まっているかどうかが挙げられます。

図6-5 パブリッククラウドではどこに契約したサーバーがあるか見えない

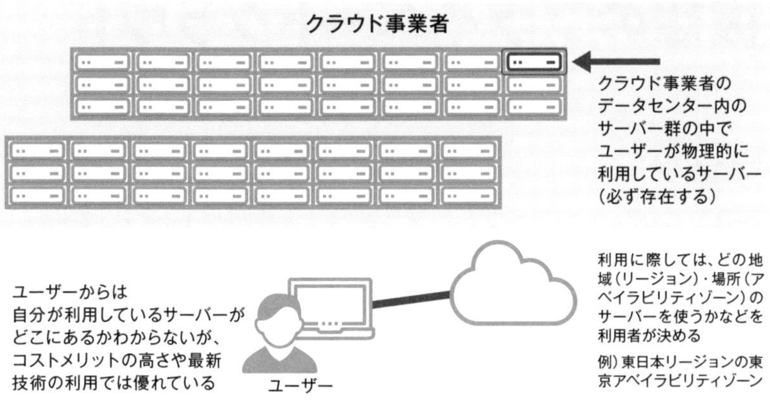

クラウド事業者
クラウド事業者のデータセンター内のサーバー群の中でユーザーが物理的に利用しているサーバー（必ず存在する）
ユーザーからは自分が利用しているサーバーがどこにあるかわからないが、コストメリットの高さや最新技術の利用では優れている
ユーザー
利用に際しては、どの地域（リージョン）・場所（アベイラビリティゾーン）のサーバーを使うかなどを利用者が決める
例）東日本リージョンの東京アベイラビリティゾーン

図6-6 プライベートクラウドの特徴

自社データセンター
ファイアウォール
本社
支社
社員
社員
社員
社員
社員
●自社のデータセンターにパブリッククラウドを模した環境を構築する
●物理的にどのサーバーに接続しているかは自前のシステムなので確認することが可能

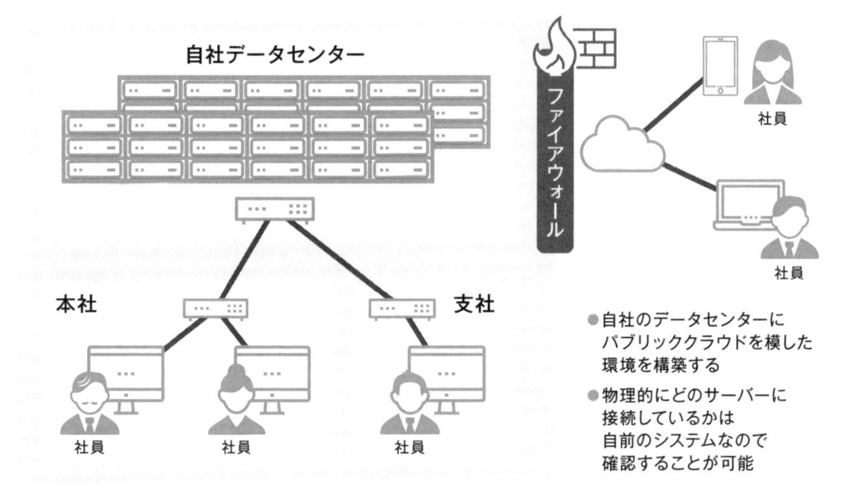

Point

- 一般にクラウドサービスというときにはパブリッククラウドを指すことが多い
- プライベートクラウドは増えつつあるが、Webシステムでは、特定のユーザー向けであれば適している

仮想のプライベートクラウド

プライベートクラウドをパブリック上で実現する

6-3でパブリッククラウドとプライベートクラウドについて解説しました。

実はプライベートクラウドをパブリッククラウド上で実現するサービスもあります。**VPC**（Virtual Private Cloud）と呼ばれています。

自社で保有・管理しているデータセンターは物理的な事業所ですが、VPCで実現するプライベートクラウドのセンターはバーチャルなデータセンターです（図6-7）。

現実の利用シーンとしては、複数のクラウド化できるシステムやWebシステムなどをまとめて運用・管理したい場合に使われます。あるいはプライベートクラウドを構築する前段階として使われることもあります。

比較的規模の大きいWebシステムがVPC上に構築されることも増えています。

Webシステムの置き場所

クラウド事業者のデータセンター内に構築されるVPCのネットワークと自社のネットワークは、VPNや専用線などで接続されます。VPC内の仮想サーバーやネットワーク機器には、プライベートなIPアドレスを割り当てることができるので、自社の拠点間でサーバーなどのIPアドレスを指定してアクセスするのと同じように接続することができます。

ここまでを整理すると、Webシステムの物理的な置き場所は、ISPのデータセンター内にあるレンタルサーバーなどの利用、パブリッククラウドの中のサービスの利用、パブリッククラウドの中のVPC、データセンター事業者、自社のデータセンターやプライベートクラウド環境などが実質的な選択肢になるということです（図6-8）。

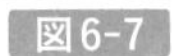

図6-7 VPCの概要

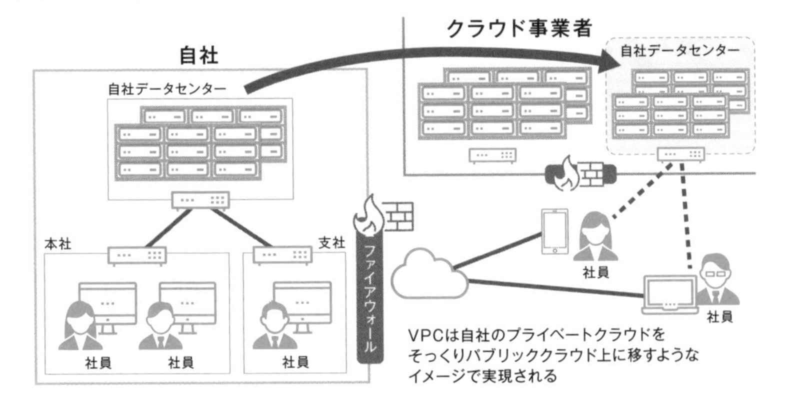

図6-8 Webシステムの置き場所

ISPのレンタルサーバーまたはパブリッククラウドの利用

自社データセンターや
プライベートクラウド環境

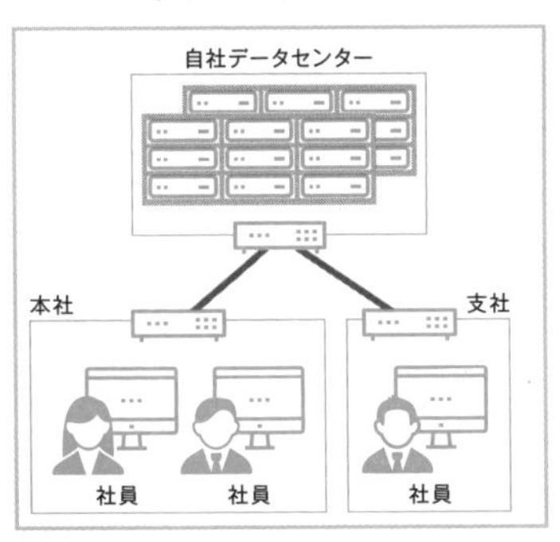

パブリッククラウドの中の
VPCまたはデータセンター事業者内

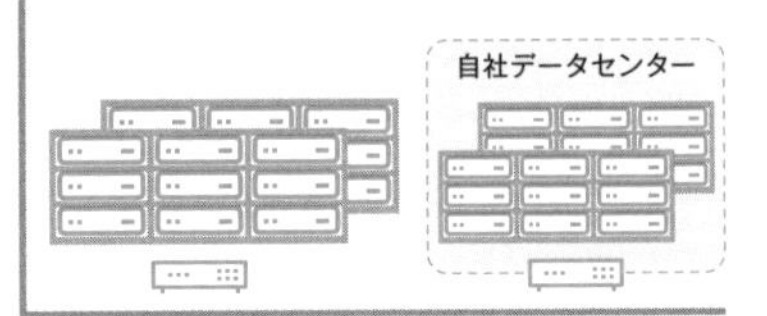

Point

- ✎パブリックやプライベートクラウドに加えて、VPCという選択肢もある
- ✎Webシステムの置き場所は多様化しているが、他のシステムの置き場所とあわせて検討する

クラウド事業者の概要

クラウド事業者の4つの分類

クラウドの世界的なメガベンダーとして、アマゾン、マイクロソフト、グーグルの名前が挙げられますが、それぞれ固有の特徴を持っています。メガベンダーを追いかける立場として、国内市場では、富士通、IBMなどがありますが、これらの企業はメガベンダーのパートナーでもあります（図6-9）。

クラウド事業者は**ビジネスのバックグラウンドやパブリックとプライベートのどちらに軸を置くか**で、図6-10のように大きく4つに分類できます。

- 三大メガベンダー：超大規模なインターネットビジネスや個人を含めたデータ処理の経験
- IT大手＆データセンター：オープンソースをベースにサービスを提供、大規模システムの構築実績、クラウド以前からのデータセンタービジネスの経験
- 通信キャリア：通信事業者としての基盤を活かしたサービスの提供
- ISP：ISPの経験を活かした特徴的なサービスを提供するとともに、クラウド事業者としてサービスを拡大している

その他に、海外で強い事業者、業種別で強い事業者などがあります。

クラウド事業者の選定

Webシステムでクラウドを利用する際には、実現したいサービスやシステムが目指しているところと、パブリックかプライベートか、さらに、クラウド事業者が提供しているサービスに合っていることが重要です。

なお、これからクラウドに関する知見を高めたいのであれば、二強となりつつあるAWSとAzureや、OSSのクラウドの基盤となるOpenStackについて学ぶことをお勧めします。

図6-9 **メガベンダーとその他の主要なクラウド事業者**

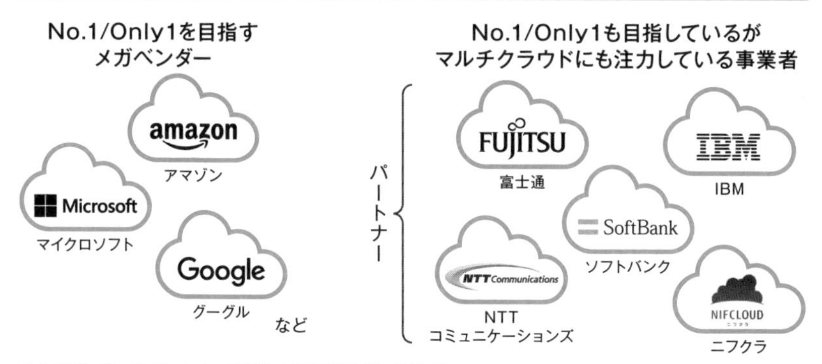

- メガベンダーのパートナー企業としての顔も持っている
- これら以外にもさまざまな良好な準大手や中堅事業者が存在する
- グローバル市場では中国のアリババなども上位にランキングされる
- 日本国内ではアマゾンとマイクロソフトがツートップで、3位以降は常にランキングが入れ替わる戦国時代

図6-10 **クラウド事業者の分類例**

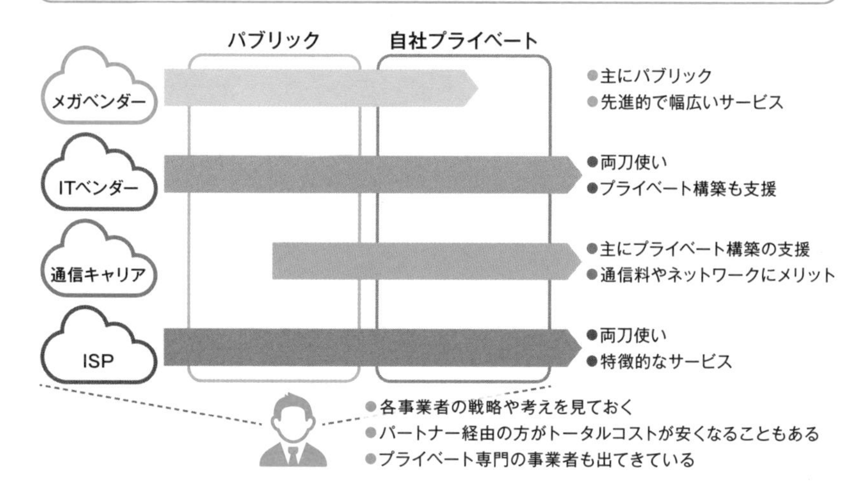

Point

- ✎ クラウド事業者はビジネスのバックグラウンドをもとに整理するとわかりやすい
- ✎ クラウドを専門的に学ぶのであれば、AWSやAzure、OpenStackへの知識は不可欠

データセンターとクラウド

データセンターとは?

データセンターは1990年代から普及して、現在はクラウドを支えるファシリティの基盤となっています。

主要な建築会社やITベンダーで設立されている日本データセンター協会（JDCC：Japan Data Center Council）では、データセンターを、分散するIT機器を集約・設置し、効率よく運用するために作られた専用の施設と定義し、インターネット用のサーバーやデータ通信、固定・携帯・IP電話などの装置を設置・運用することに特化した建物の総称を指すとしています（図6-11）。

データセンターが提供するサービス

データセンターを事業として運営しているベンダーが提供するサービスは、大きく3つのタイプがあります（図6-12）。

- **ホスティングサービス**：データセンターのファシリティ（建物、関連設備）の保有とともに、ICTの運用、ICTリソースも保有して提供し、ユーザーはソフトウェアをどうするかに集中できます。
- **ハウジングサービス**：ICT機器などのリソースはユーザーが保有していて、運用の監視などはセンター側で行います。
- **コロケーションサービス**：データセンターはファシリティの提供にとどまります。

データセンターのサービスにおいては、**クラウドはホスティングに当たります。ISPのレンタルサーバーもホスティングです。**

ハウジングやコロケーションは、ネットワーク接続の利便性、堅牢なファシリティ利用などのニーズで利用されています。3つのタイプの用語は現在も使われることがあるので、違いを押さえておきましょう。

図6-11 データセンターの設備

サーバーやネットワーク機器などのIT機器以前に
設置する電源、空調設備、ラック、そしてそれらを受け入れる建物が必要

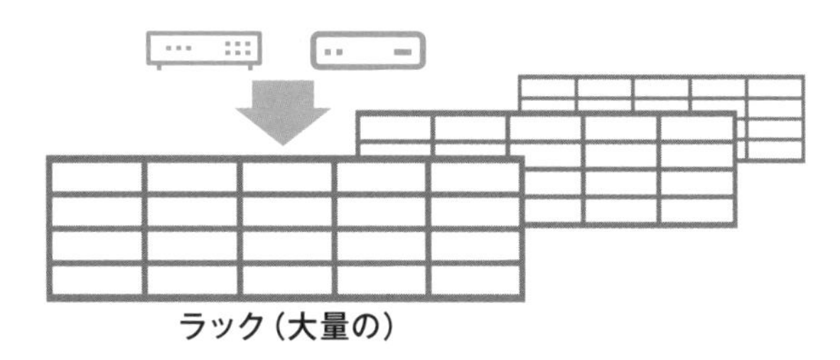

ラック（大量の）

大型の電源設備

大型の空調設備

建物（データセンター）

図6-12 ホスティング、ハウジング、コロケーションの違い

	データセンターの建物	データセンターの設備（電源、空調、ラック、セキュリティ設備など）	ICT運用（システム監視、媒体の交換など）	ICTリソース・機器（サーバー、ネットワーク機器など）
ホスティングサービス	事業者保有	事業者保有	事業者が行う	事業者保有
ハウジングサービス	事業者保有	事業者保有	事業者が行う	ユーザー保有
コロケーションサービス	事業者保有	事業者保有	ユーザーが行う	ユーザー保有

クラウドはホスティングサービスと同様で、建物、設備、運用、機器はすべて事業者の保有や実行となる

Point

- データセンターは、主に、ホスティング、ハウジング、コロケーションの3つのサービスで提供されている
- クラウドやレンタルサーバーはホスティングサービスに当たる

大量のITリソースを管理するしくみ

大量のITリソースの管理

クラウド事業者やISPのデータセンターでは大量のサーバーやネットワーク機器、ストレージなどが配備されています。大規模なセンターになるとサーバーだけでも1万台を超えます。本節では参考としてデータセンター側のしくみを解説しておきます。

クラウド事業者のデータセンターにはコントローラーと呼ばれているサーバーがあり、**サービスを一元的に管理・運用しています**。クラサバシステムのサーバーが多数のクライアントPCを管理するのと同じように、コントローラーが大量のサーバーやネットワーク機器などを管理しています(図6-13)。

コントローラーの機能

コントローラーが持っている主な機能を整理すると次の通りです。

- 仮想サーバー、ネットワーク、ストレージの管理（図6-14）
- リソース配分（ユーザーの割り当て）
- ユーザー認証
- 稼働状況の管理

基本的には規模は別として、システムの運用管理で必須の機能です。

クラウド事業者のデータセンターでは、図6-14のように、物理的な量の拡張がしやすい構成を取っているのが特徴ですが、このような発想はさまざまなシステムで参考になります。

なお、OSSを利用してクラウドサービスを提供している事業者の間では、IaaSはOpenStack、PaaSはCloud Foundryのように、デファクトとなりつつある基盤ソフトがあります。

図6-13 コントローラーの概要

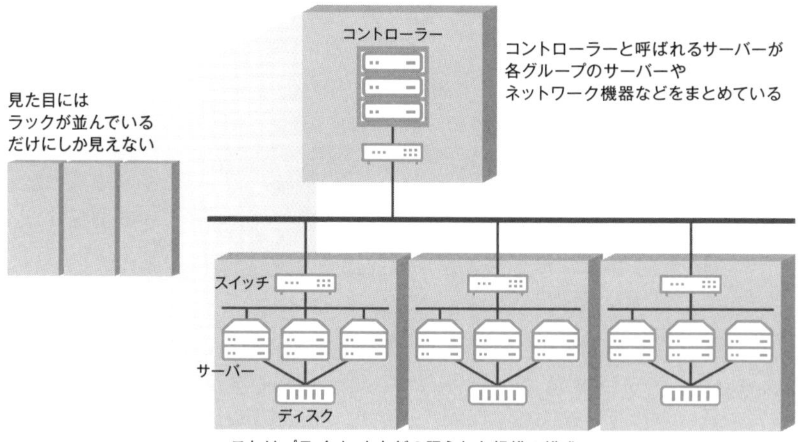

図6-14 コントローラーの主な機能

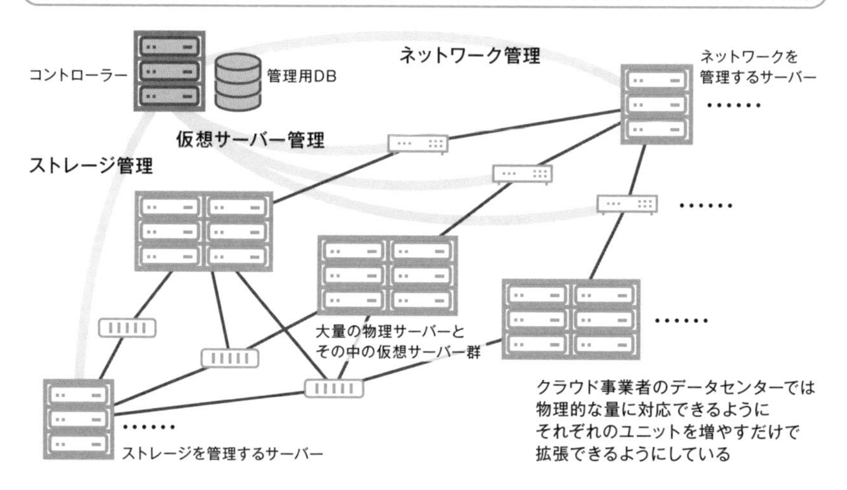

Point

- 大量のサーバーやネットワーク機器などをマネジメントするためにコントローラーと呼ばれるサーバーが存在する
- コントローラーはクラサバシステムのサーバーのような役割を果たす

既存システムをクラウド化するには?

2段階の移行作業

クラウドに関しての理解が深まったところで、既存のシステムをクラウド化する場合について考えてみます。Web化するともいえます。

システムを別の環境に移行することをマイグレーションといいますが、実際の移行作業はそれほど簡単ではありません。仮想環境でないシステムをクラウド環境に移行するには大きく2つの段階があります(図6-15)。

段階1:サーバーの仮想化

クラウドサービスは基本的には仮想環境を前提としています。そのため、既存のシステムを仮想環境に移行します。

段階2:クラウド環境への移行

仮想化されたシステムをクラウド上に移行します。システムの規模や利用しているソフトウェアの多い・少ないで工数は異なります。

段階1については、以前は移行計画書で手順を定めて綿密に実施していましたが、近年は仮想化ソフトのマイグレーションツールを利用して行います。

もちろん段階1が済んでいれば2だけを進めます。

クラウドへの移行作業専用サーバー

クラウドへの移行では、オンプレミスの仮想サーバーからクラウドの仮想サーバーにマイグレーションをすることもあります。しかし、確実に進めたいことや環境ならびにハード・ソフトの親和性などから、**クラウド事業者側に専用の物理サーバー(ベアメタルなどと呼ばれることもある)を用意して、一度そこにコピーを作成してから展開するケースが増えています**(図6-16)。

図6-15 クラウドへの移行〜2つの段階〜

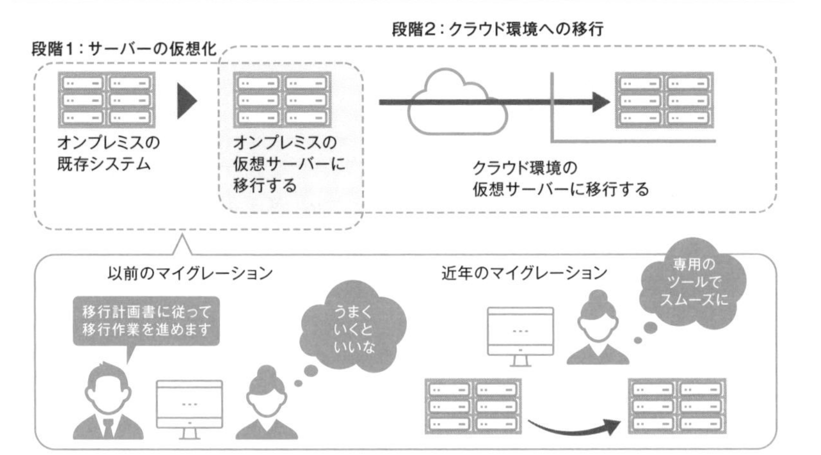

移行のために工数や費用が発生することもあるので、技術的な観点とともに留意しておく

図6-16 ベアメタルを利用した移行の方法

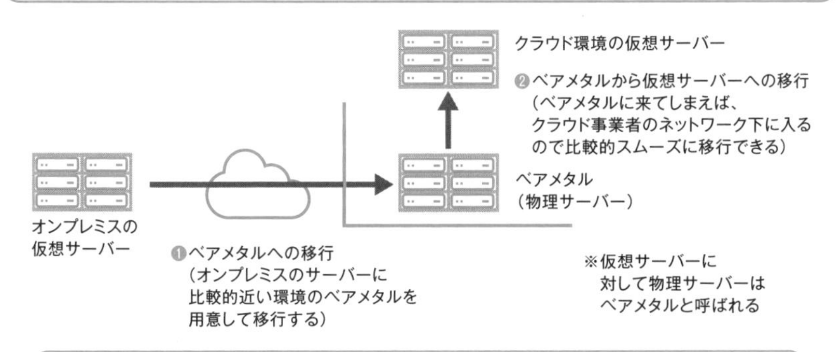

留意点
- 一般的に、オンプレミスの物理サーバーから仮想サーバーにシステムを移行するとシステムのレスポンスは若干低下することが多い
- これは仮想化ソフトがOSに加わる、あるいは複数の仮想サーバーでリソースを共有するので無線LANがときどき不安定になるが、ユーザーとしては慣れるしかない

Point

- 既存システムをクラウドに移行するには、サーバーの仮想化、仮想化されたサーバーをクラウド環境へ移行の順で行うことが多い
- クラウド事業者内にベアメタルと呼ばれる物理サーバーを設置して仮想サーバーへの移行を行うこともある

やってみよう

リソースの利用状況を見る

サーバーの使用状況を確認することは、Webシステムの運用において極めて重要であることを解説してきました。この考え方はサーバーだけでなく、PCでも当てはまります。日常的にリソースの利用状況を見ておくことや、Webシステムがデバイスに与える負荷を確認することは重要です。

ここでは、一般的なWindows PCでリソースの利用状況を確認してみます。

Windows 10のタスクマネージャーの例

これは筆者のWindows PCの1つから、クラウド上のサーバーにアクセスしたときの例です。SSHでクラウドサービスのサーバーに接続して、サーバーの利用状況を見ながら、ブラウザ経由でデータベースを操作した前後の状態を見ていきます。

データベースを回していない

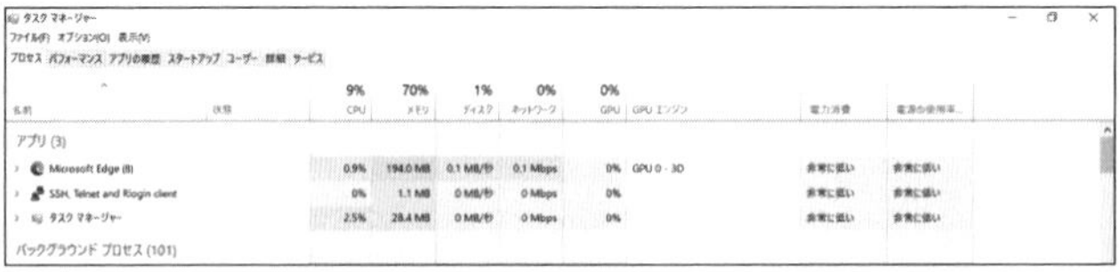

タスク マネージャー
ファイル(F) オプション(O) 表示(V)
プロセス パフォーマンス アプリの履歴 スタートアップ ユーザー 詳細 サービス

名前	状態	9% CPU	70% メモリ	1% ディスク	0% ネットワーク	0% GPU	GPU エンジン	電力消費	電源の使用率...
アプリ (3)									
Microsoft Edge (8)		0.9%	194.0 MB	0.1 MB/秒	0.1 Mbps	0%	GPU 0 - 3D	非常に低い	非常に低い
SSH, Telnet and Rlogin client		0%	1.1 MB	0 MB/秒	0 Mbps	0%		非常に低い	非常に低い
タスク マネージャー		2.5%	28.4 MB	0 MB/秒	0 Mbps	0%		非常に低い	非常に低い
バックグラウンド プロセス (101)									

データベースを回している

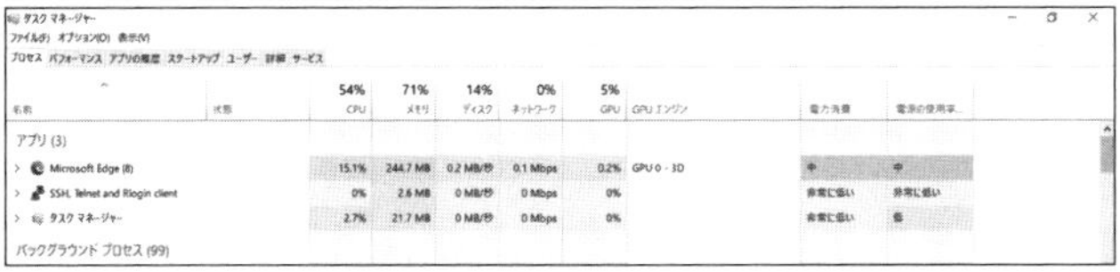

タスク マネージャー
ファイル(F) オプション(O) 表示(V)
プロセス パフォーマンス アプリの履歴 スタートアップ ユーザー 詳細 サービス

名前	状態	54% CPU	71% メモリ	14% ディスク	0% ネットワーク	5% GPU	GPU エンジン	電力消費	電源の使用率...
アプリ (3)									
Microsoft Edge (8)		15.1%	244.7 MB	0.2 MB/秒	0.1 Mbps	0.2%	GPU 0 - 3D	中	中
SSH, Telnet and Rlogin client		0%	2.6 MB	0 MB/秒	0 Mbps	0%		非常に低い	非常に低い
タスク マネージャー		2.7%	21.7 MB	0 MB/秒	0 Mbps	0%		非常に低い	低
バックグラウンド プロセス (99)									

データベースを回すと、ブラウザとサーバー間のやりとりの負荷が大きくなることから、PC側の負荷も高くなります。この例ではCPUの使用率が一気に上がっています。

このように、サーバー側だけでなく、デバイス側の利用状況を確認することの重要性も理解できたかと思います。

第7章

Webサイトの開設に際して

～確認してほしい事項～

データベースを使うか否か

WebサイトとWebアプリの見極め

第1章で、Webサイト、Webアプリ、Webシステムの違いについて解説しました。いずれでも、ユーザーから見たときには、Webサイトとして見えます。Web技術に詳しいユーザーであれば、バックではデータベースで管理されているなどと思うかもしれませんが、その視点は、Webサイトの管理者や開発者の視点です。

重要なのは、**目指すサイトがどのようなレベルか事前に理解すること**です。

まずは、開設するサイトがWebサイトのみにとどまるのか、Webアプリにまでなるのかですが、これらはデータベースの必要性で見極めます。

具体的な例としては、会員管理、商品販売、サービスの予約や取引などがあるかどうかです。これらはデータベースを必要とします（図7-1)。お勧めの商品の紹介や、投稿記事を提供して顧客の関心を高めるなどであれば、静的なページの集合体でも用が足ります。

WebアプリとWebシステムの見極め

さらに複雑な処理や規模が大きくなる場合は、Webシステムのレベルになります。次の例などが挙げられますが、**多機能になること**と**他のシステムとのデータの連携**です（図7-2)。

- **決済代行会社とシステムを接続して多様な決済手段に対応する**
- **位置や天気などの外部からの情報と連携したサービスを提供する**
- **Webでビジネスをしたい企業や個人にサービスとしてしくみを提供する**
- **IoTデバイスなどから定期的にデータがアップロードされる**

これらは、外部システムとの連携や自らのアプリケーションにものの機能の追加が必要となるケースです。

図7-1 データベースを必要とする処理の例

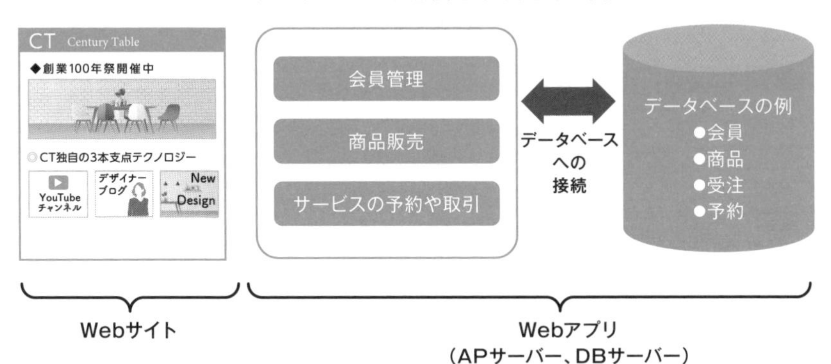

図7-2 WebアプリとWebシステムの見極めの例

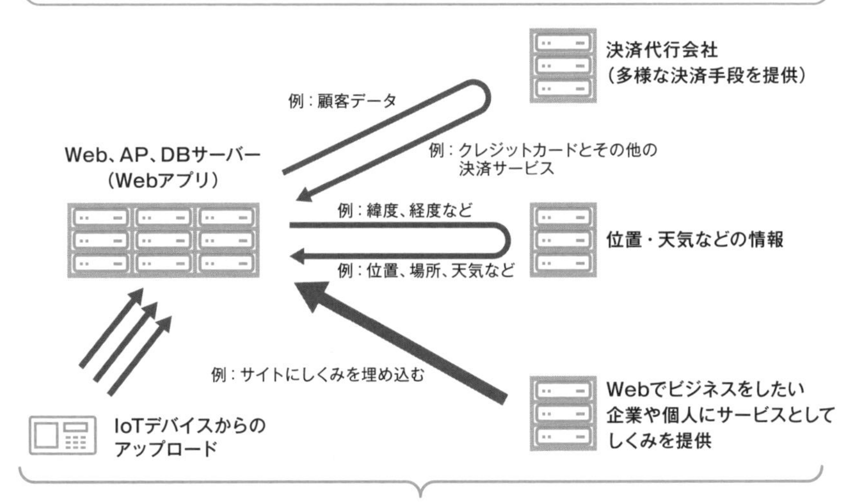

Point

- データベースを利用するのであれば、静的なWebサイトではなく、Webアプリのレベルになる
- 他社のしくみとの連携や多機能になると、Webシステムとなり、一層充実したサービスが提供できる

ターゲットは誰か？

誰に向けたWebサイトか？

ビジネスか否かなどの利用シーンと、Webサイトやシステムをイメージすると同時に重要なのは、**誰のための、誰に利用してもらうサイトやシステムか**です。ビジネスや情報発信の開始に際して、企画者の頭の中に想定ができていれば進みは早いでしょう。

誰に向けてかが定まらないと、Webサイトのデザインと操作方法が決められなくなります。例えば、図7-3のように、20～30代向けのサイトと50～60代向けとでは、画像の色彩やデザインなど、内容はまったく異なります。一般的に、若者向けでは多少操作が変わっても何とかなりますが、年齢層が高いと、統一感やプロセスがしっかりとしたうえでのわかりやすい操作が求められます。

このような状況の中で、近年はペルソナと呼ばれる、ターゲット層の中でも具体的な人材や架空のユーザーを定めて、それに基づいてサイトのデザインや操作の設計をすることが増えています。

ペルソナの設定の例

モデルのケースでは、凝ったデザインである数十万円の食卓を購入するユーザーとして、ペルソナを設定しています（図7-4）。実際にビジネスの経験があれば、既存顧客から選定することもあります。モデルとなるユーザー像の個人情報、購入履歴や方法などの情報を整理して設計します。もうひとつのペルソナの設定は、さまざまなデータをもとにして、架空のモデルから組み立てます。外れるリスクもありますが、**ビジネスの可能性を広げてくれることもあります。**

ペルソナの設定はサイトのデザインだけでなく、SEO対策やシステム化の範囲などにも関わるので検討されることが増えています。

なお、ペルソナに加えて、顧客の購買行動を明らかにするカスタマージャーニーと呼ばれる手法が利用されることも増えています。

図7-3 中高年向けと若者向けのデザインと操作方法の違いの例

50～60代向け

20～30代向け

デザインの例

50～60代向けでは
- 堅い（きちんとしている）
- 落ち着いた配色
- わかりやすい

などが好まれる

20～30代向けでは
- クール
- 明るめの配色
- ITやAIなどのキーワード

などが好まれる

操作方法の例

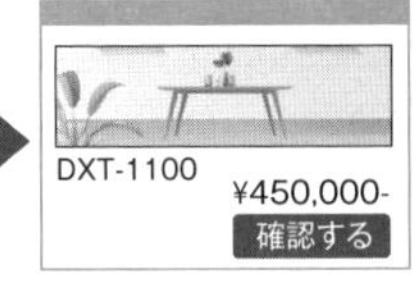

- 同じような画面で遷移
- 同じ位置にボタンを配置

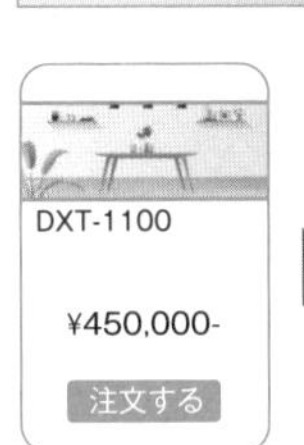

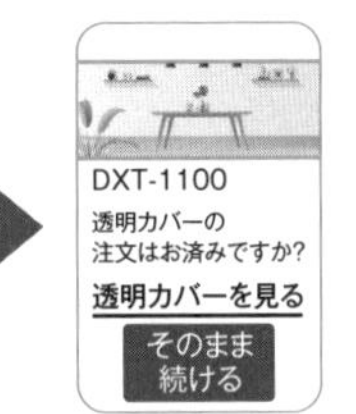

多少、操作が変わっても問題ない

図7-4 ペルソナの設定の例

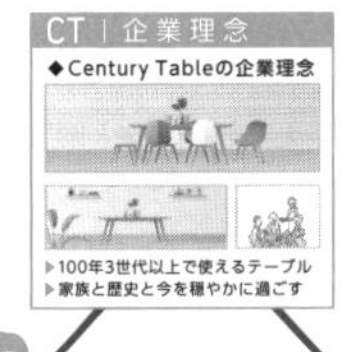

価格　：数十万円
サイズ：大型テーブル

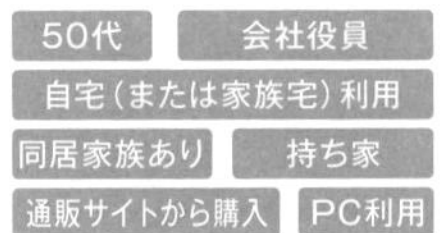

Aさん	Bさん	Cさん
50代	40代	40代
会社役員	レストラン経営	歯科医師
自宅（または家族宅）利用	備品として購入	別荘での利用
同居家族あり		
持ち家		
通販サイトから購入	通販サイトから購入	不動産会社からの紹介や他サイトからのリンクで購入
PC利用	PC利用	スマホ利用

購入履歴（複数回）からモデルを選定する例

- 購入履歴からモデルを選定した場合は大きな変更はない
- 現在のサイトで販売できているため大きく変更する必要はない

架空のモデルを設定するケース

- 架空のモデルを選定した場合は大きな変更があり得る
- ビジネスのやり方を見直す機会でもある

Point

- 誰に向けてのWebサイトであるかでデザインや操作方法は大きく異なることがある
- ペルソナを考えることでビジネスの可能性を広げてくれることもある

サイト開設の準備

Webサイトの構築と運営の要素

ビジネスやWebシステムの概要、ユーザー像が見えていれば、Webサイト開設に向けて進むことができます。

Webサイトが稼働するためには、**サイト構築に関わる作業と開設後の運営が必要**です。ここまでも触れてきたように、Webサイトが立ち上がる時点のコンテンツ制作、サイトデザイン、システムの開発やサービスの選定、さらに、稼働後の管理についても検討しておく必要があります。これらの観点は、システムの複雑さや規模でウエイトは変わるものの、要素としては不変です。図7-5では、縦に項目を並べて、開設までと稼働後に分けて整理しています。より具体的に落とし込むことができれば、それぞれのウエイト（大変さ）や体制などもイメージすることができます。

もちろん、自社や自分でやれることはやればいいのですが、現実的には専門性や時間的な理由などから、他社へ依頼することが多くなります。

稼働後に加わる要素

Webサイトを開設する際に、コンテンツ制作やシステム開発で忙しくなるので大変と思われますが、実態としては、稼働後もあまり変わりません。

当初の設計が適切であれば、システムは修正や変更にとどまりますが、**コンテンツの維持・管理と新たなコンテンツの追加は続きます**。これはサイトの規模にかかわらず継続する限りは相応の工数がかかります。また、アクセス解析やシステムの運用・監視などの新たな要素も加わります（図7-6）。

総じていえば、サイトの内容にもよりますが、立ち上げの直前は忙しく、稼働後も相応の忙しさはあります。店舗を新たに構えるイメージですが、ビジネスをする・しない（ショールーム機能のみにとどまるなど）、大規模・小規模、来店客の多い・少ない、などで忙しさは異なります。

図7-5 **準備と稼働後の業務の例**

	開設に向けての準備・立ち上げ	稼働後
コンテンツ制作	立ち上げ時のコンテンツ	●稼働後の追加、既存コンテンツの更新や削除 ●アクセス解析やSEO対策の影響も受ける
サイトデザイン	トップページを初めとするデザイン	●トップ画像の入れ替え、リニューアルなど ●アクセス解析やSEO対策の影響も受ける
システム開発、サービス選定	Webアプリやシステムなどに合わせた開発、SaaSなどのサービスやプラットフォームを利用した場合には開発は不要	主に変更や追加
SEO対策	検索エンジンに対応した検索キーの設定	アクセス解析や想定をもとに、検索キーの設定・変更、リンクの設定などを行う
アクセス解析	立ち上げ時点では、解析の方法、ツールの選定などを決めておく	定期間隔で解析を行い、サイトの利用目的に応じた変更を促す
システム運用・監視	立ち上げ時点では、運用や監視の進め方、ツールの選定などにとどまる	●稼働状況の把握、定期バックアップなど ●基本的には自動化されている

※コンテンツ制作の前に、7-2で解説したペルソナやカスタマージャーニーなどによるコンセプトメイキングを必要とすることもある

図7-6 **開設前後での主要な業務の例**

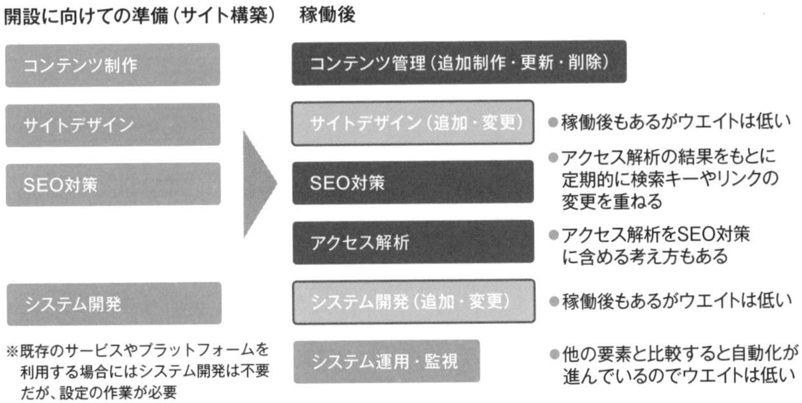

Point

- Webサイト開設に当たっては、立ち上げまでと稼働後での業務を事前に整理して進める
- コンテンツの制作や管理はWebサイトがある限りは継続する仕事

» コンテンツの管理

Webサイトで最も重要な業務

Webサイトの開設前ならびに稼働後の運用において最も重要かつ大きなウエイトを占めるのが**コンテンツの管理**です。

商用サイトであれば、新たな商品やサービスの紹介だけでなく、以前からある商品の紹介もあります。新たなコンテンツの制作に加えて、以前の内容についても随時更新していく必要があるため、Webサイトを維持していく以上は、サイトの規模は別として、定期的・日常的に発生する業務です（図7-7）。

コンテンツの制作や管理は、以前はホームページビルダーなどのソフトウェアを利用して行っており、専用のソフトウェアやWebサーバーとは異なる端末で制作したコンテンツを掲載していました。しかし、現在では、Webサーバー上で制作して管理するのと、多様な媒体での情報提供を想定した管理に二分されつつあります（図7-8）。もちろん、忘れてはならない前提として、**「誰がやるか」、誰がコンテンツ管理者であるか**があります。

CMSの利用

Webサイト単体であれば、Webサーバー上で制作をして公開から運営までを行う**コンテンツ管理システム**（Content Management System：**CMS**）の利用が現在の主流です。WordPressやDrupalなどのOSSや、Adobe Experience Managerのような製品・サービスなど、多数あります。SNSに連携しているものもあります。一方で、CMSを利用しないで、htmlや画像などのファイル群で管理している企業や個人もいます。

CMSはそれぞれが特徴を持っていますが、コンテンツそのものの制作、コンテンツの資産・版数管理や、企業などで求められる共同作業や制作から公開までのワークフロー、SEO対策やマーケティング機能など、求めるニーズによって好みは分かれますが、**ある程度の規模以上のWebサイトであれば、利用した方が間違いなく楽で、利用することが主流となってます。**

図7-7 コンテンツの管理は稼働後も相応の工数が必要

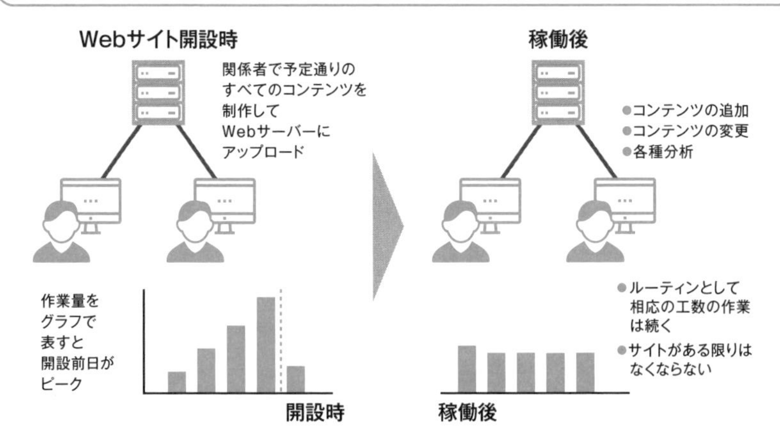

図7-8 コンテンツ制作環境の変化

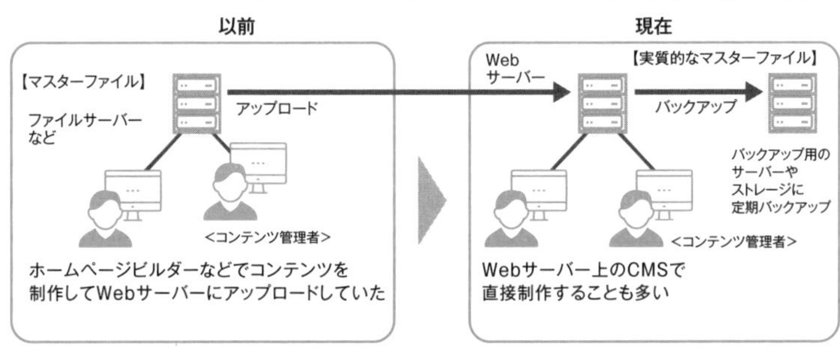

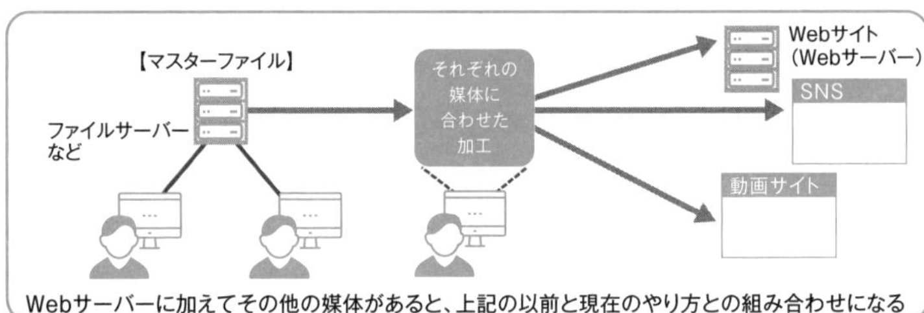

Point

- Webサイトで最も重要な業務としてコンテンツ管理があるが、誰がやるのかは明確にすること
- 一定以上の規模のWebサイトであれば、ニーズに合ったCMSを利用することをお勧めする

ドメイン名の取得

レジストラとレジストリ

本節では独自のドメインを取得してサイトを公開するケースを想定します。

企業や団体では、システムの管理者がクライアントPCにIPアドレスを割り振る、コンピュータ名をつけるなどをしています。**インターネットの世界でも同じようなことが行われています。**例えば、ある組織や個人が独自のドメイン名を取得したいと考えたときには、多くの場合は、**Webサーバーやインターネット環境を提供してくれるISPやクラウドなどの事業者に申請します。**

実際は、図7-9のように、受付をした事業者が、レジストラ（ICANN認定レジストラ）と呼ばれるドメイン名の登録申請を受ける事業者を通じて、ドットコム（.com）やドットジェイピー（.jp）などの、トップレベルドメインなどで分かれているレジストリと呼ばれている管理事業者に申請データが渡されて登録が行われます。「.com」はアメリカのVerisignが、「.jp」は日本レジストリサービス（JPRS）が実務を担当しています。

ドメイン名取得の進め方

.comや.jpなどの独自ドメインの取得には上記のような手続きが必要ですが、ISPやクラウド事業者のサイトから簡単な必須情報を入力して申請すると、1～2日程度ですぐに利用できるようになります。.comや.jpなどにこだわらなければフリーで取得することもできます。

独自ドメインを取得してWebサイトを立ち上げるのであれば、図7-10のように、利用したいドメイン名が使われていないかどうかを調査するとともに、どの事業者からWebサーバーを借りるかを並行して調査します。後者が定まったところで、サーバーの契約と合わせて申請するのが一般的です。一部の大手企業などを除くとこのような進め方が多いのですが、独自ドメインがないと、独自のメールアドレスを持つこともできません。使いたいドメイン名が思いついたら、利用できるかどうかすぐに調べることをお勧めします。

図7-9 ドメイン名申請のフロー

- 企業や団体では、情報システム部門やシステム管理者が自社のネットワークを管理している
- インターネットは自由な世界ではあるものの一方で公共性などもあるため、ドメイン名に関してはさまざまな機関が手を携えてきちんとした管理がされている

レジストリ（VerisignやJPRSなど）
↑
認定レジストラ
↑
ISPやクラウド事業者
↑ 申請や契約
ドメイン名を取得したい人（申請者）

（申請者から認定レジストラへも直接の矢印あり）

※日本ネットワークインフォメーションセンター（JPNIC）のWebサイトを参考にして作成
https://www.nic.ad.jp/ja/dom/registration.html

図7-10 ドメイン名の一般的な例

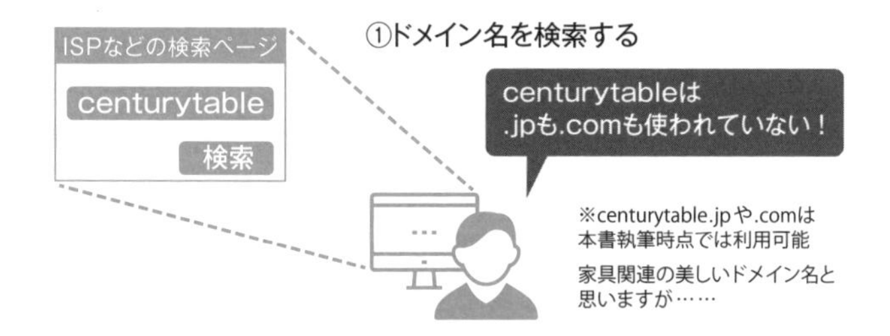

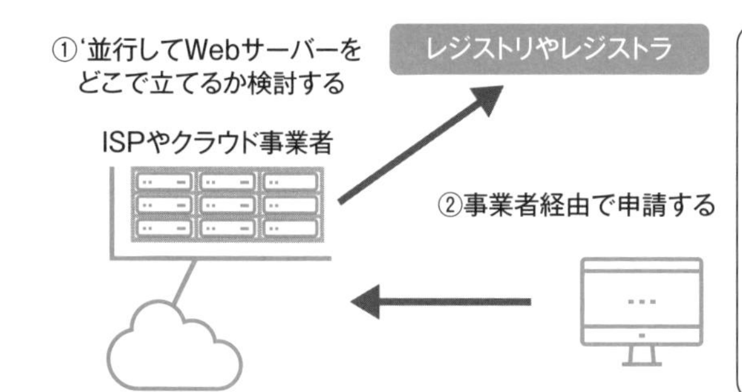

なお、ビジネス展開によっては次のものなどがあり得る

- 別ドメインの取得
（例：centurytablestore.jp）
- サブドメインの作成
（例：store.centurytable.jp）
- サブディレクトリの設定
（例：centurytable.jp/store/）

トータルコスト、システム、SEO対策、ブランディングなどの視点から検討がなされる

Point

- 企業内でシステム管理者がIPアドレスやコンピュータ名を割り振るように、インターネットの世界でも同じようなことが行われている
- .comや.jpなどの独自ドメインを取得するには簡単な事務手続きが必要

» 個人情報保護への取り組み

Webサイトに必須のメニュー

ビジネスをしているWebサイトであれば、個人情報を守る必要があります。個人情報は、氏名やその他の記述で個人が特定できる情報を指します。よくある名字だけでは個人の特定はできませんが、所属している企業や学校、住所などの情報が加わると、誰かがわかってしまいます。個人情報の保護は、2017年に改正された個人情報保護法の施行から、個人情報を扱うすべての企業ならびに個人が守らなければならないルールです。

そのために、個人情報を扱うWebサイトでは、**「個人情報保護」や「プライバシーポリシー」などのページで、考え方や具体的な対策を示して同意を得ることが必須**となっています。中には、プライバシーマークの取得をして表示している企業などもあります。また、2020年6月からはCookieによる情報取得についても同意が必要となりました。このような個人情報保護の動きはWebサイトやシステムのセキュリティ強化に拍車をかけています。GDPR（General Data Protection Regulation：EUの一般データ保護規則）の動向の影響も受けることから、マスコミの報道などにもアンテナを高くしておきましょう。

ビジネスサイトの開設に際しては、個人情報保護は、固定のページとして必ず入れなければならないメニューのひとつですが、方針、利用目的、第三者への提供、開示など、ここ数年でテンプレート化が進んでいます（図7-11）。

オンライン販売に必要な表示

オンライン販売の場合には、個人情報保護とともに表示が必要な事項として、特定商取引法の表記があります。オンライン販売が、特商法の類型の通信販売に当たるからです。特商法表記では、トラブルを防止するために、支払い方法や返品の進め方などを明示します（図7-12）。

本節では、法律の観点で必須のページに絞って解説しましたが、一般的には、お問い合わせやFAQ、企業であれば会社概要なども必須の固定ページです。

図7-11 プライバシーポリシーの例

第1条　個人情報
「個人情報」とは、個人情報保護法にいう「個人情報」を指すものとし、生存する個人に関する情報であって、当該情報に含まれる、氏名、生年月日、住所、電話番号、連絡先その他の記述等により特定の個人を識別できる情報及び容貌、指紋、声紋にかかるデータ、並びに健康保険証の保険者番号等の当該情報単体から特定の個人を識別できる情報（個人識別情報）を指します。

第2条　個人情報の収集方法
当サイトでは、ユーザーが利用登録をする際に、氏名、生年月日、住所、電話番号、メールアドレス等の個人情報をおたずねすることがあります。また、ユーザーと提携先などとの間でなされた個人情報を含む取引の記録や決済に関する情報を、当サイトの提携先（情報提供元、広告主、広告配信先などを含みます）などから収集することがあります。

その他に、個人情報を収集・利用する目的、利用目的の変更、個人情報の第三者提供、個人情報の開示やお問い合わせ窓口などが続く

- 商用サイトではプライバシーポリシーの定型文が表示される
- 大企業のサイトではメニューにないこともあるが、その場合は個人情報を必要とする実ビジネスは子会社が運営していることによる
- 個人の特定につながる可能性があれば、アンケートを行うだけでも個人情報の保護の同意を得ることが必要

図7-12 特定商取引法の表示の例

責任者、所在地、電話番号、問い合わせ窓口、ホームページURL、などの後に以下などが続く

販売価格：購入手続きの際に画面に表示されます。消費税は内税で表示しています。

販売価格以外で発生する金銭：インターネット接続料金、通信料金はお客様のご負担となります。

引き渡し時期：購入手続きの際に画面に表示されます。

お支払い方法：以下のお支払い方法をご利用いただけます。

- クレジットカード
- コンビニエンスストア決済
- 代金引換

……返品などに関する規定などが続く

- 特定商取引法と表示することもあれば、特商法などと省略されてメニュー表示されていることもある
- プライバシーポリシーとともに必要性を確認したいページ

Point

- 個人情報を扱うWebサイトでは、個人情報保護やプライバシーポリシーに関するページの設置が必須
- オンラインショッピングサイトでは個人情報保護に加えて、特定商取引法の表記も必要

» https接続を支援する機能

Webサイト全体をhttpsで表示する

個人情報や決済情報を扱う商用サイトでは、**3-7**で解説したSSLに対応するhttpsでの接続が基本となりつつあります。主要なブラウザでは、http接続の場合にはセキュリティ保護がないなどの警告が表示されてしまいます。

一方で、自身のWebサイトをhttpsで案内していても、ブラウザにhttpで入力するユーザーもいます。その場合でもセキュリティを保持するために、httpからhttpsに切り替える必要があります。このようなサイトやページの切り替えは**リダイレクト**と呼ばれています。リダイレクトはサイト開設後でも設定可能ですが、基本的には開設前から意識して進めておく作業です。

httpsへのリダイレクトのためには、次の作業が必須です。サーバーの構築の方法で細かい作業は異なります（図7-13）。

- **SSL証明書の購入や設定**
  SSL証明書をサーバーにインストールして設定する必要があります。
- **ポート80（http）でのアクセスをポート443（https）に切り替える**
  切り替えを実行する専用の設定などが必要になります。

いずれも、それぞれの環境において、すでに行われているのでマニュアルに相当するものがあります。

リダイレクトの例

サイト開設後にリダイレクトを実行しようとすると、一時的に以前からのページと新しいページが混在する可能性が高いのですが、**運用の煩雑さや検索エンジンへの影響などからできるだけ避けたい**ものです。

図7-14はApacheの例ですが、リダイレクト専用のファイルを作成して、サイト単位からページ単位まで実行できます。

図7-13 リダイレクトに必須の設定

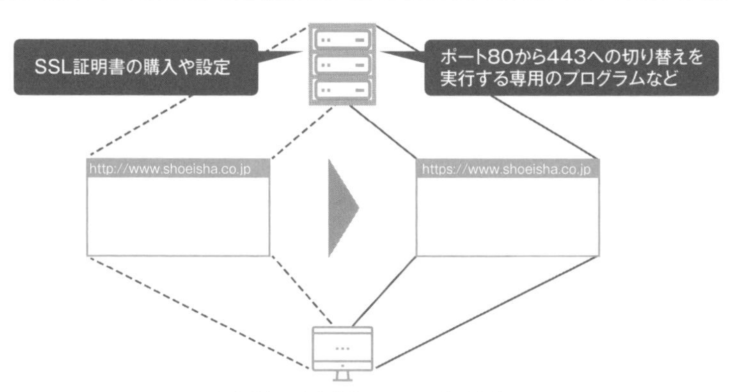

●httpで入力されても自動的にhttpsに切り替わる
●企業内のイントラでもSSLが利用されている

図7-14 サイト全体でリダイレクトを実現する例

●例えばApacheのWebサーバーであれば、
.htaccess（ドットエイチチティアクセス）というファイルを作成して
アップロードすることでリダイレクトは実現できる
●.htaccessはApacheのサーバーのディレクトリ単位で設定ができるファイル

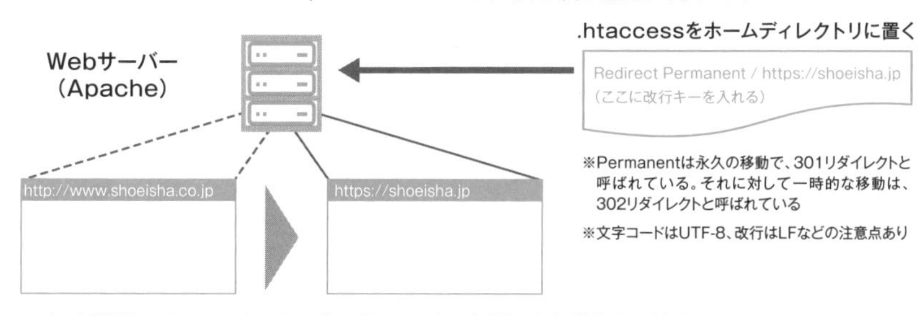

●ページ単位では、RewriteRuleというコマンドで転送元と転送先を記述する
●.htaccessではいろいろなことができるが、一方で記述を誤ると、自ら管理していない別のサイトに飛ぶなど、大変なことになるので注意が必要
●WordPressなどでは、.htaccessではなく、専用のプラグインソフトを利用することで対応できることもある

Point

- httpsへのリダイレクトの設定には、SSL証明書、ユーザーからのアクセスの切り替えなどが必要だが、サーバーの構築の方法で設定の詳細は異なる
- さまざまな事情や要求でリダイレクトをすることがあり得るが、気をつけて進めてほしい

スマートフォンとPCの両方に対応する

縮尺か異なるデザインか?

図4-4でレスポンシブに触れました。Webサーバーにアクセスする端末は、主にスマートフォンとPCですが、Webシステムではさまざまな端末への対応が求められます。企業の業務システムでも、多様な端末とブラウザを利用することが増えていますから、レスポンシブの検討は必須となりつつあります。

一般にブラウザでの見え方は、システムにもよりますが、2つの見え方があります（図7-15）。

- **デザインが変わらないタイプ：端末の大小にかかわらず同じように見せる**
  端末が小さくなれば縮尺がかかるので、基本はPC画面に合わせます。
- **デザインが変わるタイプ：端末の大小で見え方が異なる**
  端末の大きさでデザインが変わります。

現在のWebサイトの主流派は後者ですが、業務システムなどでは、同じような画面と操作が好まれることから、前者が選択されることもあります。したがって、実際にはいずれも利用されています。

画面サイズとブレークポイント

現在のレスポンシブ対応では、端末の**画面サイズ**（横幅）を取得して判別して、スマートフォン用のCSSとPC用のCSSに分岐するようにしています。そのような意味合いでは、**デザインが変わるのがレスポンシブデザイン**です。

分岐する画面サイズは、**ブレークポイント**と呼ばれています。PC・タブレット連合とスマートフォン軍団のように、境界線に当たる値をブレークポイントとして分岐するのが現在の多数派です（図7-16）。もちろん数年前後で端末のサイズが変わっていきますから、それに合わせてブレークポイントも変わります。いまやレスポンシブ対応は必須の機能です。

図7-15 デザインが変わらないタイプと変わるタイプの例

【デザインが変わらないタイプ（PC画面に合わせる）】

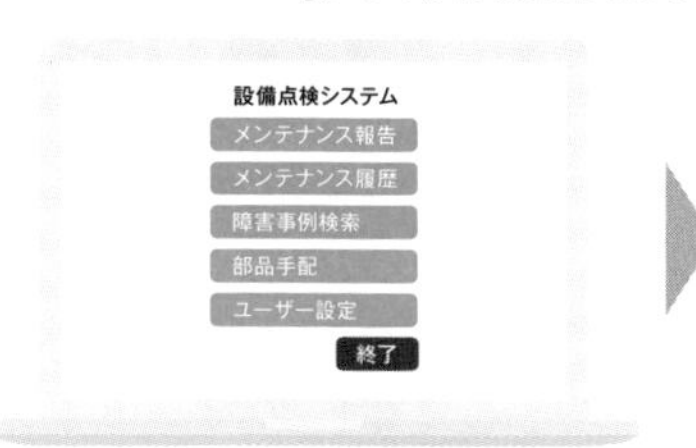

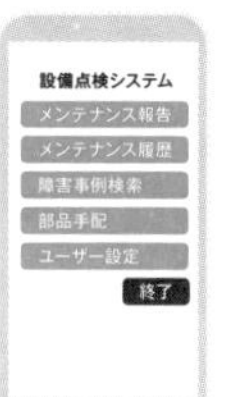

- 古めのWebサイトで見かけるが、スマートフォンでは文字が小さい
- 企業の業務システムではこのようなタイプは多い
- 端末が異なっても同じように操作できるメリットがある

【デザインが変わるタイプ（端末の画面サイズに合わせる）】

- Webサイトの現在の主流派
- ユーザーも意外と見やすい（画像が見やすい大きさになる）

図7-16 レスポンシブ対応を実現するコード

```
<!DOCTYPE html>
<html>
<head>
<meta charset="UTF-8">
<meta name="viewport" content="width=device-width,initial-scale=1">
<!-- デバイスの画面サイズが764px以上の場合にはPC用のCSSを読み込む -->
<link rel="stylesheet" type="text/css" href="./css/sample_pc.css" media="screen and
(min-width:764px)">
<!-- デバイスの画面サイズが763px以下の場合にはスマートフォン用のCSSを読み込む -->
<link    rel="stylesheet"    type="text/css"    href="./css/sample_smartphone.css"
media="screen and (max-width:763px)">
<title>サンプルコード</title>
</head>
<body>
            <header>
```

- metaタグのviewport以降、分岐するsample_pc.cssとsample_smartphone.cssを記述している
- この例ではスマートフォンの画面サイズを763px以下としている
- 近年はスマートフォンからの閲覧をメインとして、必要に応じてPCのレイアウトを検討するケースも多い
- 主要なCMSや画面表示のフレームワークでは実装されており、上記のようなコードを書くことはない

Point

- システム画面の見え方として、端末の大小でデザインが変わるタイプと変わらないタイプがある
- 画面サイズのブレークポイントでデザインが変わるのが、レスポンシブであり現在の主流

カバーするデバイスへの対応

さまざまなデバイスへの対応

Webページを閲覧するメインのデバイスとしては、スマートフォン、PC、タブレットなどが挙げられます。**7-8**で画面サイズに合わせて見せ方を変えることを解説しましたが、その他の特別なデバイスにも対応させたいというニーズが出てくる可能性もあります。このような場合には、**7-8**のPCやスマートフォンのように、CSSでデバイスを追加していきます。

HTMLとCSSの中で、メディアタイプとして指定することによって、**デバイスごとにデザインを変更することができます。**メディアタイプで実際によく利用されていて、ユーザーとして目にするのは**プリンター**です。PCではにぎやかでカラフルなページであっても、プリンターで出力する際には、背景色を白として文字は黒として印刷用に修正されます(図7-17)。

指定できるデバイスの種類

プリンターを例として挙げましたが、メディアタイプで指定できるデバイスには、他にも次のようなものがあります（図7-18)。

- **プリンター print**
- **テレビ tv**
- **モバイル端末　handheld**
- **プロジェクター　projection**
- **点字出力機器　braille**
- **音声出力機器　aural**

上記にゲーム機は含まれていませんが、ゲーム機にはブラウザが搭載されているので、スマートフォンやPCと同様に画面サイズで最適化をします。

図7-17 メディアタイプにプリンターを指定した例

HTMLでの記述例

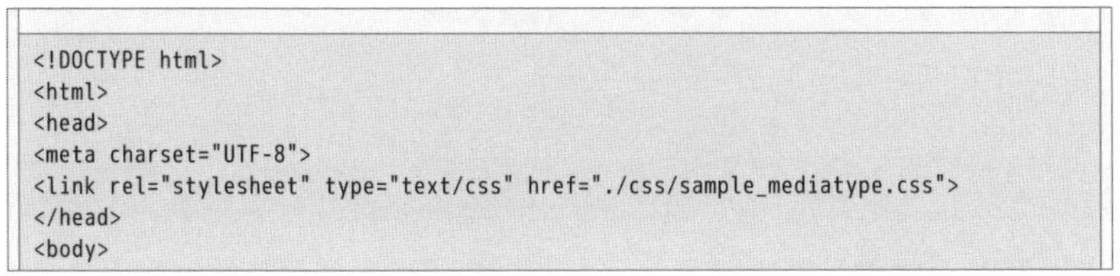

```
<!DOCTYPE html>
<html>
<head>
<meta charset="UTF-8">
<link rel="stylesheet" type="text/css" href="./css/sample_mediatype.css">
</head>
<body>
```

※メディアタイプごとにCSSを分ける記述もある

CSSでの記述例

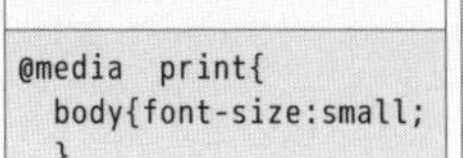

```
@media  print{
  body{font-size:small;
  }
```

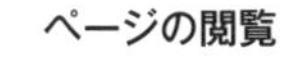

ページの閲覧

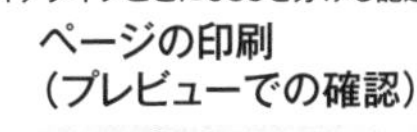

ページの印刷
(プレビューでの確認)

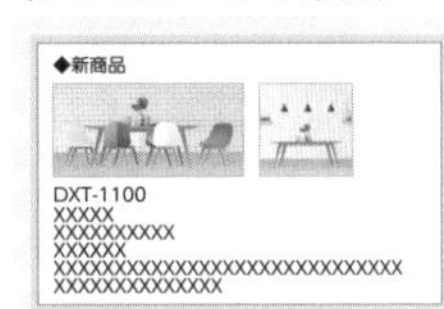

印刷するときには、シンプルな表示になることが多いが、
CSSでそのように記載していることによる

図7-18 メディアタイプで指定できる機器の例

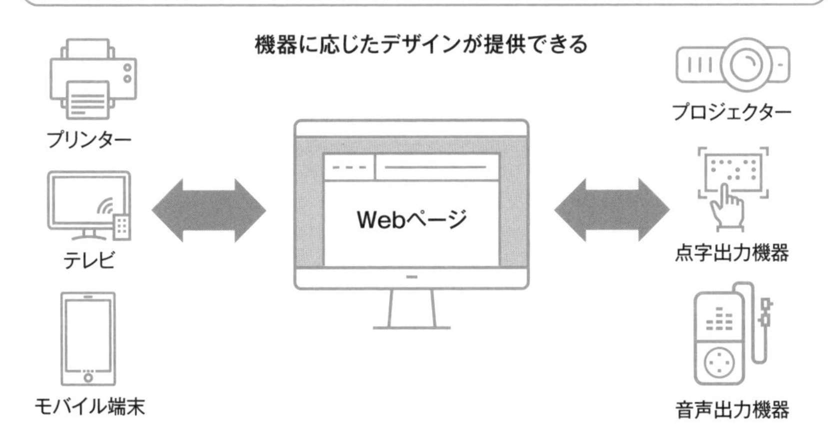

Point

- HTMLとCSSのメディアタイプでデバイスごとにページのデザインが変更できる
- 特にプリンター出力の際にはよく利用されている

画像ファイルの種類

Webで使われる画像ファイル

大半のWebサイトでは、トップページを初めとするWebページで画像ファイルが利用されています。主に利用されているファイル形式としては、JPEG、PNG、GIFがあります（図7-19）。

- **JPEG（Joint Photographic Experts Group）**
  JPEGは、デジタルカメラやスマートフォンで撮影した場合の標準的な画像ファイルで、最大で1,677万色を扱うことができます。撮影した元の画像から人間の目ではわからないところで、画質を下げてファイルサイズを小さくしている特徴があります。
- **PNG（Portable Network Graphics）**
  JPEGと同様に1,677万色を扱うことができます。画像の場所によって透明度を調整してファイルサイズを小さくすることができるので、トップページや商品の見本画像などでよく利用されます。
- **GIF（Graphics Interchange Format）**
  256色までしか扱えませんが、アニメーションとして利用することができます。最近では動画が増えてきたことや、デザインやカラーに気を使うページが増えてきたことから、利用頻度は減っています。

見た目とレスポンスで決める

SNSなどでは、スマートフォンで撮影した画像をそのままアップロードすることも多いのでJPEGが主流ですが、Webサイトでは、PNGの利用が増えています。その場合でもJPEG画像と両方作成して見比べて判断をすることもあります（図7-20）。結局のところ、**見た目とレスポンスで判断します**が、Webサイトの特徴に応じて、利用される画像ファイルはある程度決まってきます。

図7-19 **JPEG、PNG、GIFの特徴**

ファイル形式	色	データサイズ	圧縮と画質	透過処理
JPEG	1,677万色	中 （画質は落ちるが圧縮可）	データの圧縮で画質は劣化する	不可
PNG	1,677万色	中 （不要な背景を透過させて縮小可）	データの圧縮による画質の劣化はなし	可 （範囲指定）
GIF	256色	小	同上	可 （色指定）

- JPEGでのデータの圧縮は非可逆圧縮と呼ばれており、元の画像には戻せない
- PNGやGIFは、元の画像に戻すことができる

図7-20 **見た目とレスポンスで判断する例**

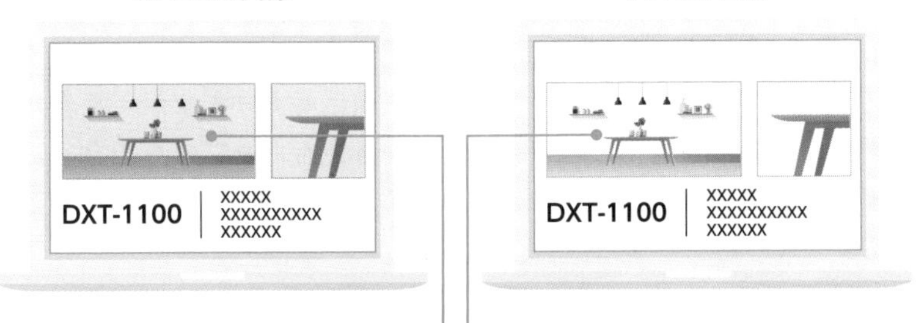

- JPEGの画像とPNGの画像を比較することは現場で実際にあること（もちろん並べて比較しなくてもよい）
- ユーザーの立場でどのように見えるか、あるいは制作側として伝えたいメッセージが伝わるか、デベロッパーツールなどでのレスポンスタイムの検証も行う
- 近年の特徴としては、トップページはPNGを使ってスムーズな表示を図ることが多い
- 画面サイズなどによって最適な画像をCSSで指定することもある
- 5Gが普及すると、最もきれいな画像が選択されると想定される

Point

- 近年のWebサイトでは、JPEGとPNGが多く利用されている
- 見た目とレスポンスから、最適な画像ファイルを選定する

» コピーガードは必要か?

一般的なコピー防止の対策

Webサイトを提供する側からすると、お金をかけて制作したページの画像をむやみにコピーされたくないと考える運営者もいれば、プロモーションのためにコピーして展開してほしいと考える運営者もいます。

ユーザーからすれば、URLを案内するだけでなく、テキストの引用や画像を利用した紹介などができた方が便利ではあります。

コピーガードの基本は、ドラッグや右クリックなどの操作ができないようにすることで、CSSやその他のファイルにコピー防止コードを加えます。専用のソフトウェアを加える方法もあります（図7-21）。ただし、デベロッパーツールを利用するユーザーやシステム環境によっては完全に機能しません。

例えば、スマートフォンの場合には、機種にもよりますが、画面の長押しをすると、コピー防止の処理を施した画像でもキャプチャできることがあります。なお、いくら対策をしても、スクリーンショットを止めることはできません。

仕方がないことを前提とした対策

特に画像や映像ですが、**コピーされることは仕方がないこととして画像そのものに対策を施す考え方**です（図7-22）。

- **コピーされても許容できるレベルにまで画質を落とす**
- **コピーできそうな画像にはすべて透かしを入れる**

コピーガードに関しては、**サイトとしての整合性を持つこと**が重要です。

例えば、httpsで完全化されている、個人情報保護に関してセキュアな印象のあるWebサイトで、コンテンツのコピーが容易にできるようでは一貫性が保てません。いずれにしても、考え方も含めて、リダイレクトと同様に開設前に準備しておくべきポイントのひとつです。

図7-21　コピー防止コードの例

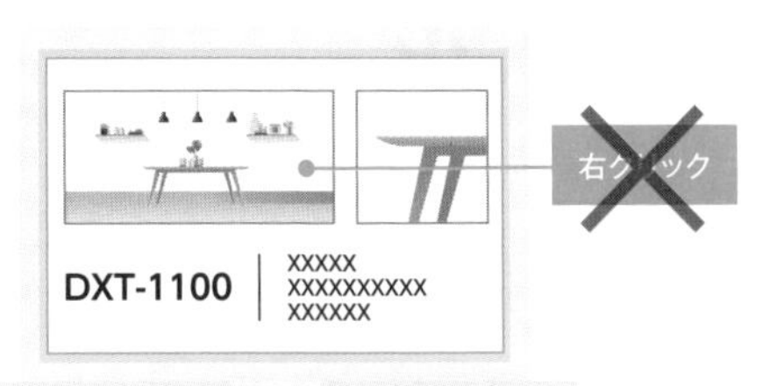

htmlで記述する例

```
<img src="sample_image.jpg" width="600"
height="300" oncontextmenu="return
false; ">
```

JavaScriptで記述する例

```
document.oncontextmenu =
function ( ) {return false; }
```

- 近年は対策を施すのが主流で、JavaScriptやTypeScriptで記述する例が多い
- WordPressなどでは専用のプラグインを加える
- 残念ながらデベロッパーツールなどで右クリック禁止のコードの解析ができる人材であれば右クリック禁止を解除する方法も理解しているので通じない

図7-22　画像そのものへの対策の例

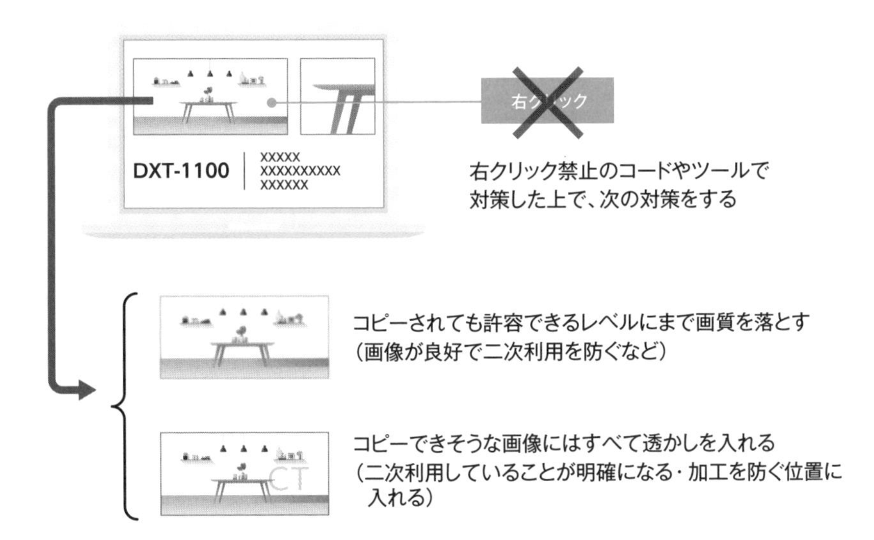

Point

- ✎コピーガードは、CSSや専用のソフトウェアなどで対応する
- ✎コピーされることは仕方ないという前提で施す対策もある

» 動画や音声のファイル

ファイル形式に注意する

提供している商品やサービスによっては、動画などを活用して一層わかりやすく伝えたいというニーズもあります。

その際に検討すべきは、**配信するファイルの形式と配信の方法**です。

例えば、iPhoneで撮影した動画は**mov**のファイルで、アンドロイドのスマートフォンでは**mp4**のファイルとなります（図7-23）。

Windows PCで作成した音声ファイルはwavになることがありますが、wavを一般のスマートフォンで再生することはできません。ファイル形式が異なることは日常的によくありますが、気をつける必要があります。現時点では動画であれば、各種の端末で再生ができるmp4が、音声であればmp3が無難な選択となります。

動画の配信方法

動画の配信方法としては、主に次の2つがあります（図7-24）。

- **ダウンロード**：Webサーバーからダウンロードできる。完了しないと再生できないが、一度ダウンロードすればユーザーはいつでも見ることができる。ただし、ファイルの著作権を守ることは困難
- **ストリーミング**：ファイルを細かく分割して配信するので、ダウンロードしながら再生ができる。著作権は守れるが専用のしくみが必要

なお、ストリーミングは、リアルタイム、オンデマンドなどのように、利用シーンを想定して提供します。

近年では、最も簡単な提供の仕方として、動画共有サイトの動画をWebサイトに載せることが増えています。

図7-23 movとmp4の概要

ファイル形式	ファイルの作成	利用シーン	利用可能な主な映像コーデック
mov	●Appleの標準の動画の形式 ●QuickTimeの利用が基本	MACなどのPCで編集する元ファイルとしては適している	H.264、MJEG、MPEG4
mp4	現在最も一般的で、Androidなどでの動画の形式	YouTubeなども推奨するように、動画共有サイトの定番	H.264、Xvid

- 映像コーデック（映像ファイルの規格・形式）に圧縮することをエンコード、圧縮したファイルを戻して再生するのをデコードという
- movやmp4は、ビデオ、オーディオ、画像や字幕などを1つのファイルにコンテナとして格納する形式で、映像の画質やファイルサイズはコーデックで決まる
- 有名なMPEG4は、Moving Picture Experts Groupの名前が示す通り、動画や音声データを圧縮する規格のひとつで、MP3は音声圧縮の規格のひとつ

図7-24 ダウンロードとストリーミングの違い

ダウンロード

- 動画ファイルを丸ごと扱う
- ユーザーにファイルは残るので著作権に注意する必要がある

ストリーミング

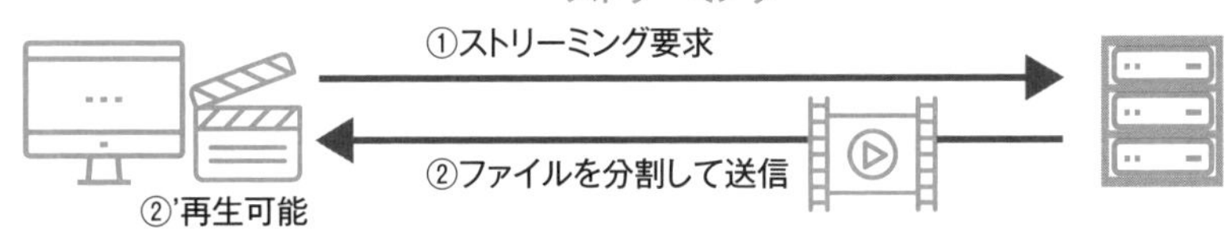

- 動画ファイルを細かく分割していて、来たものから再生していく。再生が終わったデータは削除されるので著作権の問題は生じない
- ストリーミング配信専用の機能が必要となる
- ダウンロードとストリーミングの中間に当たるプログレッシブダウンロードというものもある

Point

- ユーザーの端末を想定して、最適なファイルの形式を選定する
- 動画の配信方法には、主にダウンロードとストリーミングがある

》管理者としてWebサーバーに接続する方法

管理者の権限

Webサイトを開設すると、コンテンツの追加変更、動作確認、ソフトウェアのアップデートなどのような、管理者の立場でWebサイトやサーバーを裏側から見る場合と、ユーザーとして接続して見え方を確認する場合があります。ISPなどでは、前者は、ドメイン管理者、サイト管理者、後者はユーザーなどと**権限に応じて呼称も分けています。**

ドメイン管理者は対象となるドメイン内の資産のすべてにアクセスが可能で、ユーザーの追加や変更などのような、管理者権限も保有します。メールアドレスも同じドメインであれば、こちらも管理対象となります。サイト管理者は対象のWebサイトの管理者権限を保有します。コンテンツの追加・変更などはできますが、ユーザーの追加や変更はできません。ユーザーは対象のドメインのメールアドレスを使うことができます。Webサイトの閲覧に関しては、一般のユーザーと差はありません（図7-25）。

外部からWebサーバーに接続する方法

外部からWebサーバーに接続するには、大きく3つの方法があります（図7-26）。

- **HTTP（HTTPS）接続**：ユーザーの立場でWebサイトを確認する
- **FTP接続**：FTPソフトを利用して接続。主にコンテンツの追加や変更を目的とする
- SSH（**Secure SHell）接続**：細かい手順はISPやクラウド事業者で異なるが、セキュアな接続として主流となっている。SSHのソフトを利用して、接続する端末やIPアドレスを特定するとともに、キーファイルを交換してセキュアな接続を行う（図7-26）。サーバーの内部の入れ替えなどもできる

このような権限に応じた適切な接続方法があることを確認しましょう。

図7-25 ドメイン管理者、サイト管理者、ユーザーの違い

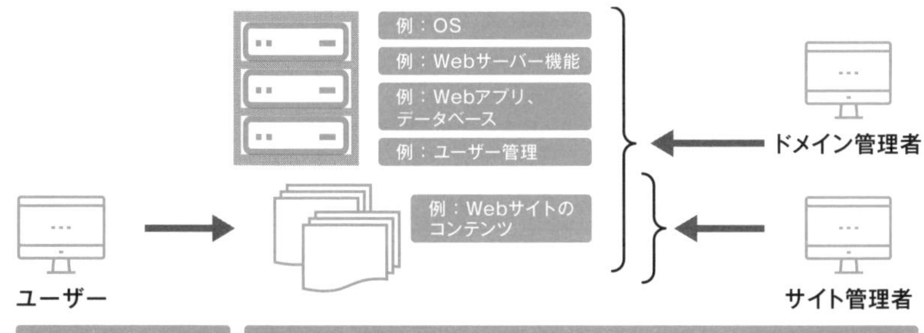

- ドメイン管理者はサーバーの設定からコンテンツ、ユーザーの管理など、何でもできる
- サイト管理者はWebサイトのコンテンツの管理に限定される
- ユーザーは裏側を見ることはできない

図7-26 外部のWebサーバーへの3つの接続の方法とSSH接続の例

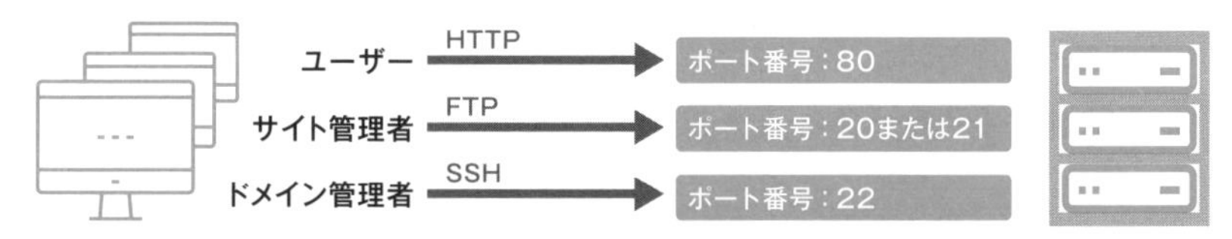

- CMSやローコード開発などでは、FTPやSSHを利用せずHTTPでメンテナンスをすることもある
- SSHは、サーバー管理者がサーバーに安全に接続することを目的とする接続の方法
- パスワードと公開鍵認証方式があるが、主なISPやクラウド事業者では後者が主流となっている

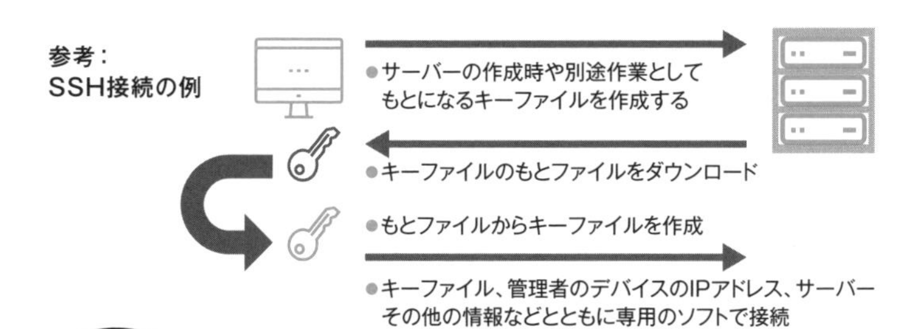

Point

- ISPなどでは、ドメイン管理者、サイト管理者、ユーザーなどのように権限によって呼称が分かれている
- 外部のWebサーバーに対しては、権限に応じて、HTTP（HTTPS）、FTP、SSHの主に3つの接続方法がある

やってみよう

ファビコンからWebビジネスを見る

Webサイトをよく知る方や、Webサイト関連の業務に携わった方であればファビコン（サイトアイコンと呼ばれることもある）についてご存じかと思います。

ファビコン（favicon）は、スマートフォンでは、検索エンジンの結果表示の左端に表示されるマークで、PCのブラウザではWebサイトの左上部に表示されます。いわゆるWebサイト上でのシンボルマークです。Webビジネスに力を入れている企業のファビコンのデザインは秀逸です。自社や興味のある企業のファビコンを改めて見てみましょう。

ファビコンの例（トップページまたはオフィシャルサイト）

●**ネット企業／ECモール**……一文字のわかりやすいロゴ
グーグル G　**アマゾン** a　**楽天市場** R　**Yahoo!** Y!　**メルカリ**

●**携帯電話**……店舗の看板と同様
au au　**ソフトバンク**　**NTTドコモ** docomo

●**ITベンダー**……イメージ or 文字
IBM　**富士通**　**NEC** NEC　**SAP** SAP

●**航空会社**……ロゴに忠実なため、画面が小さいと少しわかりにくい
ANA　**JAL**

●**流通業**……ネットビジネスへの注力度合いで見やすさに違いがある
ユニクロ UNI QLO　**ニトリ** ニトリ　**イオン** ÆON　**三越伊勢丹**

●**その他**……参考
価格.com 価格.com　**マイクロソフト**　**サントリー** S

上記は本書執筆時点の各社のファビコンの例ですが、ファビコン専用で作成している企業は見やすいようです。スマートフォンとPCなどの画面サイズの異なる端末で確認してみましょう。

第8章

Webシステムの開発

～使えるものは使って動かす～

» Webアプリのバックエンドの構成要素

バックエンドのデータベースの代表例

Webアプリは、基本的にはWebサーバー、APサーバー、DBサーバーの機能で構成されていることをお伝えしてきました。実際によく目にするのはDBサーバーをネットワーク上の安全なところに配置するために、Web/APサーバーとDBサーバーの計2台、あるいは各1台ずつの計3台の構成です。

Webサーバーが Linuxの場合には、DBもOSSを使うことが多いです。そのDBのソフトウェアの中で必ず名前が挙がるのが**MySQL**です。MySQLは、**LAMP**（Linux、Apache、MySQL、PHPのそれぞれの頭文字を取っている）と呼ばれている**Webアプリのバックエンドに欠かせない代表的なソフトウェアのひとつ**として認知されています（図8-1）。MySQLが支持されている理由として、**無料で使えることに加え、Linux、Windows、MacOSなどのさまざまなOSで利用できることやツールが充実していることがあります。3-9**から**3-12**でサーバーの構築や作成を解説しましたが、LinuxとApacheのインストールの後に、PHPやMySQLをインストールします。

MySQLの代表的なツール

MySQLの利用に際しては、初期設定やテーブルの作成などをブラウザ経由で行うために、phpMyAdminやMySQL Workbenchなどをあわせて使うことが多いです（図8-2）。

MySQLはさまざまなところで利用されていて、WordPressのバックエンドでもMySQLが動作しています。ISPのレンタルサーバーでWordPressを利用する場合は利用申請をするだけで、PHPやMySQLのセッティングをしてくれることもありますが、クラウド環境で自ら行う場合には、それぞれのソフトウェアをインストールする必要があります。

図8-1 LAMPの概要

Linux	RHEL（Red Hat Enterprise Linux）、CentOS、Ubuntu、SLES（SUSE Linux Enterprise Server）などの種類がある
Apache	●OSSのWebサーバーの代表 ●他にNginxなどがある
MySQL	●WebアプリでのOSSのデータベースの代表 ●他にPostgreSQL、MariaDBなどがある
PHP	●サーバーサイドのスクリプト言語の代表 ●フレームワークも多数あり、中〜大規模システムでも使われている

●CentOSはRHELの無償版でよく利用されている。セキュリティを重視するならRHELが好まれる
●Ubuntuはアプリが豊富でエンターテイメントや教育関連でよく利用されている
●SUSEは近年利用が増えつつあり、セキュリティを重視する有償版のSLESとOSSのOpenSUSEがある
●Linuxは、上記のようにディストリビューション（※）によって多少違いがあるが、ディストリビューターは企業・団体・個人がLinuxを利用できるようにOSと必要なアプリケーションソフトをあわせて提供してくれている
●基本的なWebアプリであれば、LAMPを使って早期に作り上げることができる

※Linuxを企業・団体・個人で利用できるように、OSと必要なアプリケーションソフトをあわせて提供してくれている企業や団体のこと

図8-2 MySQLと関連するソフトウェア

●MySQL Workbenchではデータベースの設計・開発・管理などができる
●図のようなERモデルの作成、サーバー設定、ユーザー管理、バックアップなどのさまざまな専門的な機能を提供する公式ツール

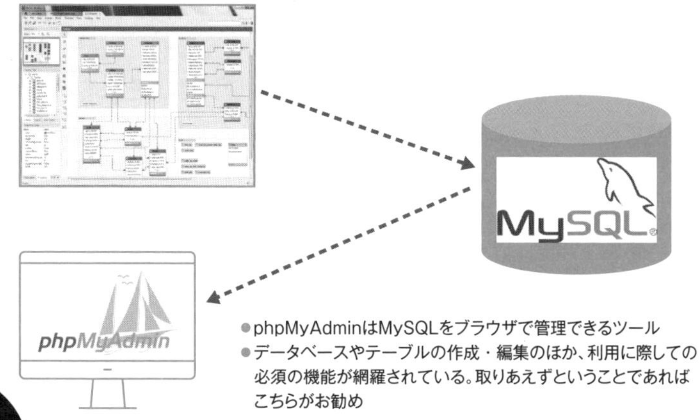

●phpMyAdminはMySQLをブラウザで管理できるツール
●データベースやテーブルの作成・編集のほか、利用に際しての必須の機能が網羅されている。取りあえずということであればこちらがお勧め

Point

✎ Webアプリのバックエンドに欠かせないソフトウェアは通称LAMPと呼ばれている

✎ MySQLは現在のOSSのデータベースのスタンダードとなっている

Webアプリは無償ソフトを利用する

無償ソフトで基本の機能はそろう

Webサーバーを立てる際に、OSはLinux、Webサーバー機能はApacheやNginxなど、いずれもOSSが利用されることが多くなっています。もちろん、Windows Serverなどの有償のソフトウェアを利用してWebサービスを提供している企業もあります。

WordPressにも無償版と有償版があり、基本機能は無償版で実現できます。さらに、それらのバックエンドのLAMPもOSSですから、ソフトウェアに関しては、**無償でも多様なWebアプリが実現できます。**

例えば、オンラインショップをOSSで構成する一例として、図8-3のようなソフトウェアを利用することがあります。

動作環境やバージョンアップには注意する

OSSといっても、利用実績が多いものやシェアが高いものは、開発している団体や企業もしっかりしています。ただし、**頻繁にバージョンやレベルアップがあるので、その管理と実行には気を配る必要があります。**

できるだけ最新版を使うことで性能、安定性、セキュリティなどは向上しますが、あるソフトから見れば別のソフトの最新版の動作環境の保証がされていない場合もあるので、アップデートするタイミングには注意が必要です。

特に、LAMPからさらにユーザーに近い層のソフトウェアについては気をつける必要があります。

例えば、PHPのバージョンは上がっているが、アプリケーションによっては対応ができておらず、動作保証はされていない場合などです（図8-4)。

最新版がリリースされたから、何も考えずにアップデートすればよいというわけではありません。しかしながら、システムの動作上、必要なアップデートもあるので常に確認が必要です。これは、アプリケーションの基本機能に別機能として追加するプラグインなどでも同様です。

図8-3 オンラインショップをOSSで構成する例

- 比較的簡単にオンラインショップを始めたい場合には、上記のようなソフトウェア構成が例として挙げられる
- WelCart e-CommerceはWordPressと親和性の高いプラグインソフト
- 独立した中小規模のWebサイトでは実際にこのような構成は多い
- ユーザーが見るのはWordPressの画面
- ソフトウェアの利用に際しては、無償ライセンスの考え方や有償となるケースなどを確認して使うこと
- WordPressをインストールすると、PHPも一緒にインストールされる場合がある

図8-4 動作環境（推奨環境）の違いの例

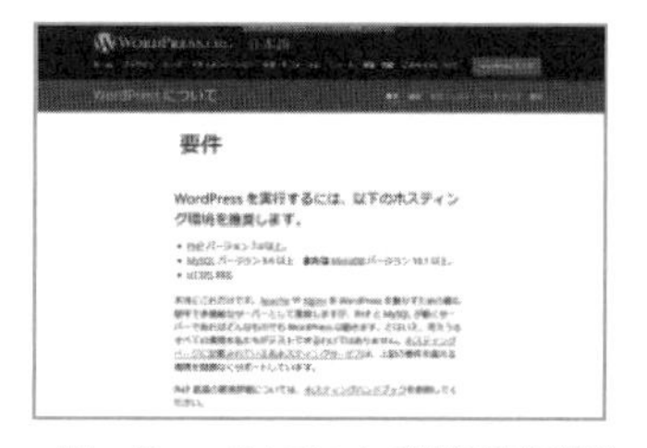

- WordPressのホスティング環境（動作環境）
- PHP バージョン7.4以上
- MySQL バージョン5.6以上
  またはMariaDB バージョン10.1以上

※この時点のWordPressの最新版は5.6

WordPressの要件のページより（2021年2月現在）
URL：https://ja.wordpress.org/about/requirements/

- WelCart e-Commerceの動作環境（推奨環境）
- WordPress　5.0以上
- PHP 5.6から7.3
- データベース　MySQL 5.5以上

WelCartのマニュアルページより（2021年2月現在）
URL：https://www.welcart.com/documents/manual-welcart/install/condition

- WordPressとWelCartでPHPとMySQLの対応バージョンがそれぞれ異なっている
- 時間の経過とともに各ソフトウェアのバージョンアップがあるので動作環境は随時変わっていく
- 上記の例のような場合は、PHPは低いバージョンで動かせる時期まで動かすという選択になる

Point

- Linuxを初めとして、さまざまな無償ソフトを活用することで、多様なWebアプリが実現できる
- できるだけ最新版を利用したいが、動作保証の関係から古いバージョンを使うこともある

アプリケーションの設計の考え方

Webアプリにおける設計の考え方のモデル

アプリケーション開発では設計が必須です。Webアプリの設計の方法は多数ありますが、代表的な例として**MVCモデル**があります。

MVCモデルは、アプリケーションを**モデル（Model）、ビュー（View）、コントローラー（Controller）の3つの層に処理を分けて開発していく手法**です。処理の分業化や後の追加・修正をスムーズにできるメリットが挙げられます。それぞれの役割は次の通りです（図8-5）。

- **モデル**：コントローラーからの命令を受けて、データベースや関連するファイルとのデータの受け渡しや処理を担当する
- **ビュー**：処理結果を受けての描画表示を担当する
- **コントローラー**：ブラウザからのリクエストを受けてレスポンスを返すまでを制御する

これら3つの層はアプリケーションの中で、それぞれの処理を物理的に独立させつつも、連携しています。

3層構造での位置づけ

第1章からWebアプリは、Webサーバー、APサーバー、DBサーバーから構成されると解説してきましたが、この階層構造の考え方は**3層構造**や3層アーキテクチャと呼ばれています。

MVCモデルは、サーバーサイドでの設計手法であることから、基本的には3層構造ではAPサーバーの機能に入ります（図8-6）。

実際のWebアプリの開発でもMVCモデルに沿って、開発の役割分担や体制を組むことが多いです。

図8-5　MVCモデルの概要

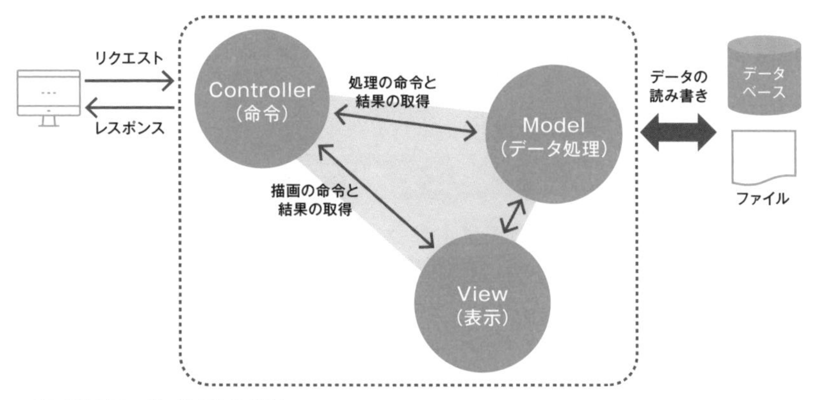

- それぞれはサーバーサイドでの処理
- 例えば、PHPやHTMLで記述する場合には、コントローラーのPHP、モデルのPHP、ビューのHTMLとPHPなどのように分ける
- MVCはフレームワークの特徴などで、MVP（Presenter）、MVW（Whatever）などと言葉と考え方が若干変わることがある

図8-6　3層構造でのMVCモデルの位置づけ

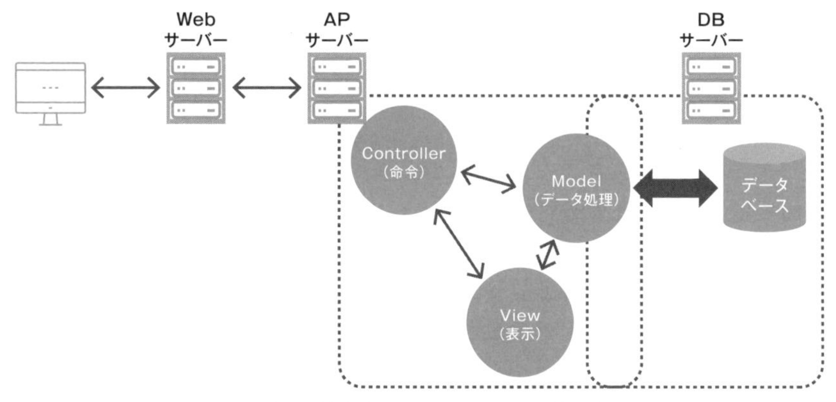

MVCモデルは基本的にはAPサーバーに位置する

Point

- Webアプリにおける設計の考え方の例としてMVCモデルがある
- MVCモデルはモデル、ビュー、コントローラーの3つの役割から構成されていて、それらに沿って実際のアプリケーション開発が進められる

開発のフレームワーク

フレームワークのメリットとデメリット

Webシステムの開発においては、クライアントがブラウザを利用することを前提とすることから、**2-10**でも解説したように、HTML、CSSを前提として、JavaScriptやTypeScript、PHPやJSP、ASP.NET、RubyやPythonなどの技術が使われます。

アプリケーション開発では、Windowsであれば、.NET Frameworkなどのように**フレームワークが利用されます**。フレームワークは汎用的あるいは共通的に使われる処理の流れをひな型として提供してくれる、早くてよいものを作るためのしくみです。特に、ある程度の人数で共同作業を行う場合には、開発の効率化や品質管理において大きな効果を発揮します（図8-7）。デメリットがあるとすれば、習得するための学習時間や負荷があることです。図2-19でも紹介していますが、Webシステムでは、専用のフレームワークがあります。

ベースとなる言語で決まる

例えばJavaScriptであれば、React、Vue.js（ビュー・ドット・ジェイエス）、jQuery、TypeScriptであればAngularなどのように、ベースとなる言語に合ったフレームワークが選択されます。それぞれが、ユーザー管理、認証、画面表示などの処理において特徴を持っているので、**何がしたいかということと、モデルとなる既存のWebシステムで、どのフレームワークが使われているかなどの情報を参考にして選定することが多い**です。

図8-8では、近年のWebシステムで利用される言語、フレームワーク、実行環境の拡張などを、言語をベースにして整理してみました。数年サイクルで、言語やフレームワークのトレンドやエンジニアの間での人気や評価は変わっていきますが、取りあえず押さえておくとよいでしょう。

図8-7 フレームワークを利用するメリット（フロントエンドの例）

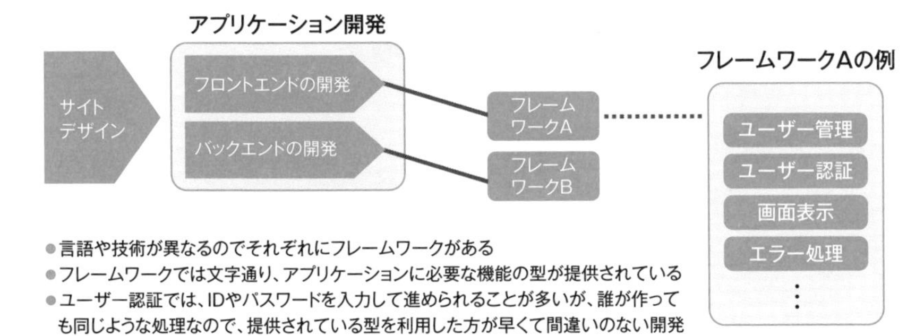

- 言語や技術が異なるのでそれぞれにフレームワークがある
- フレームワークでは文字通り、アプリケーションに必要な機能の型が提供されている
- ユーザー認証では、IDやパスワードを入力して進められることが多いが、誰が作っても同じような処理なので、提供されている型を利用した方が早くて間違いのない開発ができる
- 早い（効率的）、品質がよいはフレームワーク活用のメリット

図8-8 開発言語とフレームワークの例

言語など	フレームワーク名
JavaScript	React（Facebook、Twitter）、Vue.js（LINE、Apple）、jQuery、Node.js※
TypeScript	Angular（Google、Microsoft）、React、Vue.js、Node.js※
Perl	Catalyst
PHP	CakePHP
JSP	SeeSea、Struts
Python	Django（Instagram）
Ruby	Ruby on Rails（CookPad）
CSS	Bootstrap、Sass※

- ( ) はフレームワークを利用している有名なサイトやSNS、※はフレームワークというより開発環境
- その他に、ソースコード管理サービスのGitHubなどの利用やクラウド事業者のPaaSのサービスの利用なども挙げられる
- 実現したいことに対して向いているフレームワークを選ぶと、言語も必然的に決まる

Point

- 共同で開発するWebシステムではフレームワークが利用される
- トレンドなどもあるので、定期的にベースとなる言語をもとにして、フレームワークや実行環境の拡張などの観点から整理するのがよい

ASP.NETとJSP

ASP.NETの概要

8-4で近年話題となっているフレームワークについて解説しました。フレームワークというと、マイクロソフトのASP.NETが有名です。また、ASP.NETと同じように比較的大規模なWebシステムで利用されるJSPの名前も挙がります。本節では参考としてこれらを見ておきます。

ASP.NETはWebアプリ開発のためのフレームワークで、**VBやC#などで画面から作成できるWebフォーム**、MVCモデルに準じたMVC、Web Pages、Web APIなどのツールから構成されています（図8-9）。PHPのようなスクリプト言語とは異なり、コンパイラ言語でプログラムすることで精緻な処理が実現できるだけでなく、処理速度も速いことから**大量のリクエストを処理するWebサービスに向いています**。以前はWindowsの環境に限定されていましたが、現在はCoreと呼ばれる別のプラットフォームに連携する機能も提供されていて、その他のフレームワークやLinux環境などへの連携も可能となっています。

JSPの利用例

JSPは、**Javaで作成します**が、基本的にはJava ServletとJSP（Java Server Pages）のセットです。Servletがリクエストに応じた処理を実行して、JSPが結果を画面に表示します。こちらも緻密な処理に対応できます。

利用例のひとつとして、クレジットカード会社やネット銀行・証券などのWebサイトにアクセスしてログインすると、URLに.jspの文字を一瞬見ることがあります。図8-10のような複雑な画面遷移の中で見ることがありますが、こちらも大量のユーザーからのリクエストの処理に適しています。

ASP.NETやJSPは大規模なシステムで利用されてきましたが、近年はその状況も変わりつつあります。

図8-9 ASP.NETと主要なツールの概要

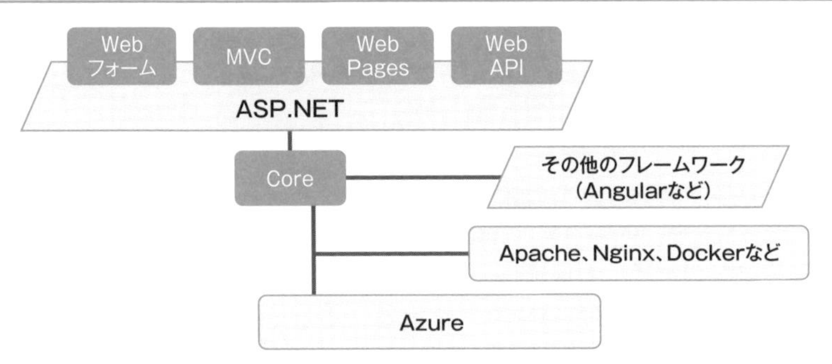

ASP.NETはWebアプリケーションのフレームワークとしては最大で想定されるツールや機能がすべてそろっている

図8-10 Java ServletとJSPでの処理の例

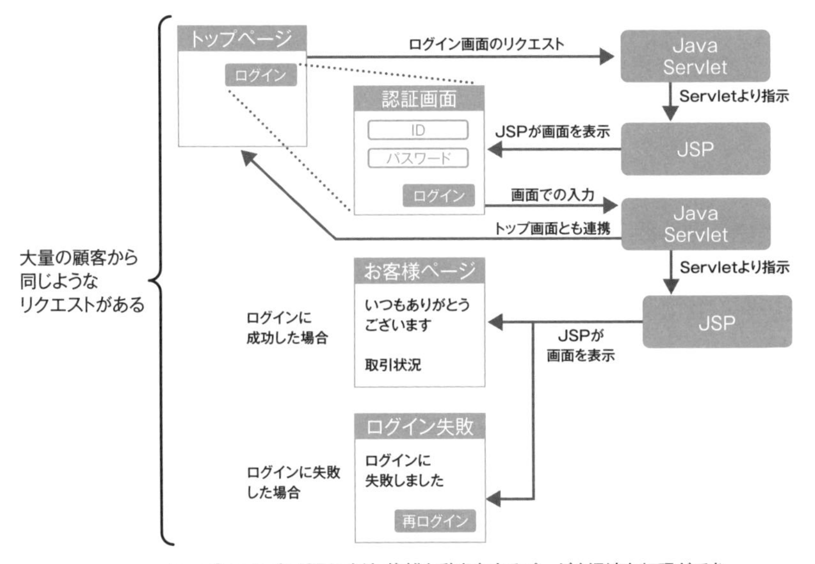

Java ServletとJSPにより、複雑な動きをするページも迅速な処理ができ、かつ大量のリクエストもさばくことができる

Point

- ASP.NETはVBやC#、JSPはJavaのようなコンパイラ言語を利用して開発する
- ASP.NETとJSPはユーザーからの大量のリクエストを処理する際に高速な処理が要求されるシステムで利用されている

» フロントとバックの境界

ブラウザ側とサーバー側

Webアプリの開発においては、顧客要求に基づいてWebサイトのフロントとなるブラウザでの見た目や動きを担当するしくみをフロントエンドと呼び、Webサイトの裏側にあるサーバー側でのデータベースその他の処理や運用などに携わるしくみをバックエンドと呼ぶことがあります。また、いずれか一方に専門性を有するエンジニアを意味することもあります。物理的な専門性としては、ブラウザ側かサーバー側かという分け方で、求められる知識もフロントはHTML、CSS、JavaScriptなど、バックはPHPやデータベース、JSPやASP.NETなどのように異なります（図8-11・上）。

もともとはサーバー側が中心となってさまざまな処理が行われていましたが、端末やブラウザの性能向上とともに、ブラウザ側で行う考え方になってきました。それにより、開発スタイルも、**8-5**までで紹介したフレームワークを駆使して、**できるだけフロントエンドで行うように変わりつつあります**（図8-11・下）。バックエンドからHTMLをもらうしくみから、フロントでHTMLを作るしくみへの変化です。

拡張機能が境界を変える

少し細かい話をしますと、CSSの機能を拡張できるSass（Syntactically awesome stylesheet）やSCSS（図8-12・上）などの技術も興味深いです。

さらに、Node.js（ノードジェイエス）などを利用すると、JavaScriptを実行する環境のプラットフォームとして整備でき、JavaScriptでもファイルの読み書きなどができるようになります（図8-12・下）。Node.jsはJavaScriptのサーバー側での開発を可能にしますが、TypeScriptを利用する際にも役立ちます。TypeScriptはブラウザ側とサーバー側の両方で動作するという特徴がありますが、Node.jsのようなJavaScriptの実行環境が必要です。

このような拡張機能の存在もあって、フロントとバックの境界が変わりつつあるのが現状です。

図8-11　フロントエンドとバックエンドの概要、開発スタイルの変化

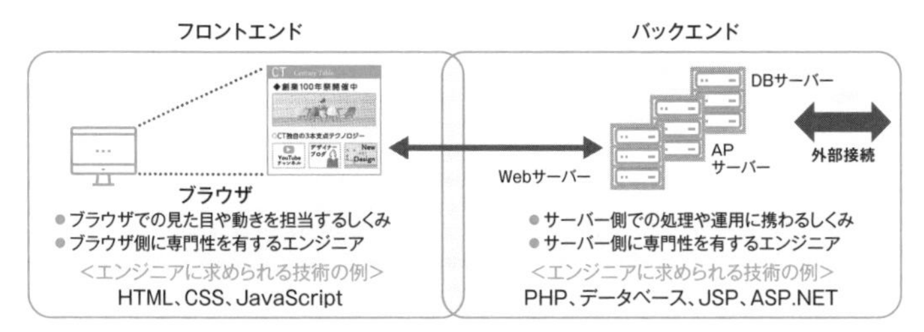

開発スタイルの変化

例えば、JavaScriptは入力チェックなどの単純な画面処理だけではなく、通信処理の制御も含めて商取引などのビジネスロジックの処理も行うようになっている

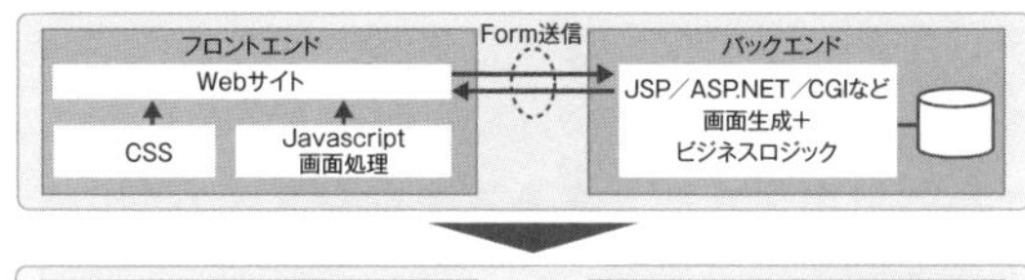

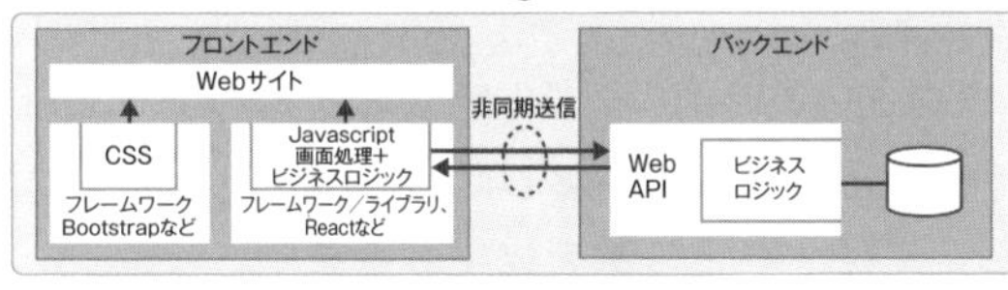

図8-12　Sass、Node.jsのメリット

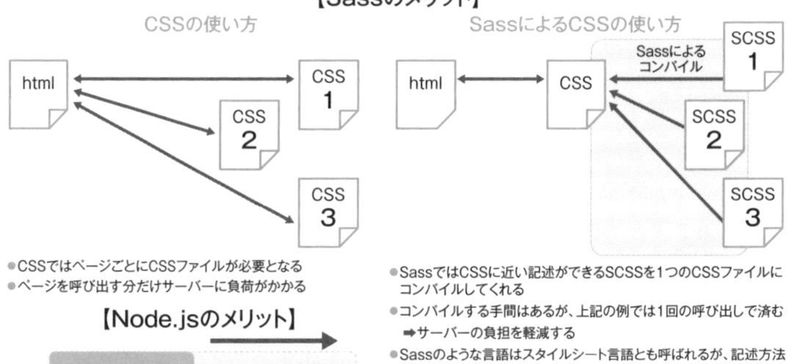

- CSSではページごとにCSSファイルが必要となる
- ページを呼び出す分だけサーバーに負荷がかかる

- SassではCSSに近い記述ができるSCSSを1つのCSSファイルにコンパイルしてくれる
- コンパイルする手間はあるが、上記の例では1回の呼び出しで済む
  ➡サーバーの負担を軽減する
- Sassのような言語はスタイルシート言語とも呼ばれるが、記述方法はCSSとほぼ同様
- もちろんコンパイル用のRubyプログラムなどが必要となる

【Node.jsのメリット】

JavaScript　JavaScript　Node.js

- Node.jsがあると受け皿となってJavaScriptがサーバーサイドで使えるようになる（実行できる）
- JavaScriptは得意だがPHPが苦手なエンジニアなどにはありがたい存在

Point

✎主にブラウザ側を担当するしくみやエンジニアをフロントエンド、サーバー側をバックエンドと呼ぶことがある

✎開発トレンドとしてフロント側でできることは実行するようになりつつある

Webシステムで使われるデータの形式

XMLの使われ方

XML（Extensible Markup Language）はマークアップ言語で、さまざまなシステムで利用されています。HTMLはWebシステムでの利用に特化していますが、XMLは開発者の目的に応じた定義ができるようになっていることから、汎用性が高く**さまざまなシステム間のデータの受け渡しに利用されることが多い**です。

XMLもHTMLもWebの標準化団体であるW3C（World Wide Web Consortium）が標準化を進めてきました。HTMLについては**2-3**で解説しているので、ここでは、XMLの例を見ておきます。

図8-13は、GPSセンサーからXMLの形式で渡されたデータの例です。nameやlonなどのデータ項目名は開発者が定義しています。GPSということがわかっていれば、一見して、lonはLongitude：経度で、latはLatitude：緯度であることがわかります。

JSONの使われ方

XMLと並んでデータの受け渡しによく利用されているのがJSON（JavaScript Object Notation）です。

JSONはCSV（Comma-Separated Values）とXMLの中間に当たる形式です。JavaScriptと連携するその他の言語とのやりとりで考案されたことから、JavaScriptを利用するWeb APIのデータの受け渡しなどで利用されることも多く、また、**フロントエンドとバックエンドのやりとりをHTMLでもらうのではなく、データの受け渡しで済ませる際にも使われています**（図8-14・上）。

なお、図8-13のGPSのデータをJSONやCSVで表すと、図8-14・下のようになります。JSONはデータ容量が小さく簡潔にまとまりますが、人の目で見る場合には、XMLの方が見やすくはなります。連携するシステムや受け渡しをするデータの特徴に従って、XMLやJSONなどの使い分けをしますが、現在のWebシステムでの主流はJSONです。

図8-13 XMLの例

```
<?xml version="1.0" encoding="UTR-B"?>
 <name>GPS-0010 DataLog 2020-12-31</name>
 <kpt lon="139.7454316"lat="35.6685840">
  <time>14.01:59</time>
 </kpt>
 <kpt lon="139.7450316"lat="35.6759323">
  <time>14:06:59</time>
 </kpt>
 ...
```

- XMLはシステム間のデータの受け渡しで利用されることが多い
- XHTML（Extensible Hyper Text Markup Language）と呼ばれるHTMLをXMLの記述の仕方で再定義したものもある

図8-14 JSONとCSVの例

JSONでのデータの受け渡しの例

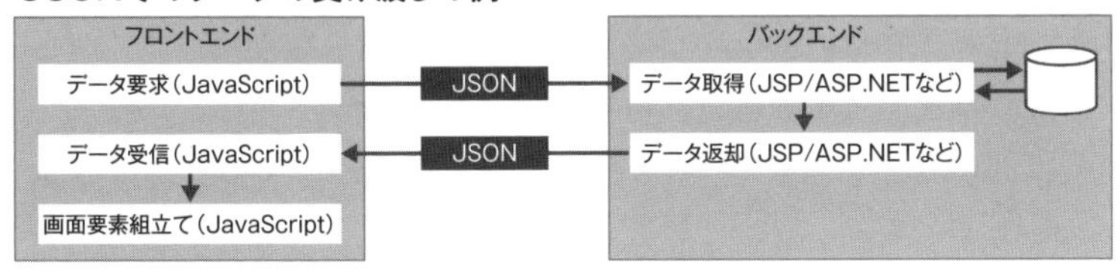

- JSONはWebシステム内のデータの受け渡しでの現在の主流
- フロントエンドとバックエンドを切り離して
  JSON形式でデータのやりとりをすることも増えている

JSONの例　XMLとCSVの中間の存在で項目名も入る

```
[
    {"name":"0010","date":"20201231", lon":"139.7454316",
 lat":"35.658540","time":"14:01:59}
    {"name":"0010","date":"20201231", lon":"139.7450316",
 lat":"35.6759323","time":"14:06:59}
]
```

CSVの例　データ量は小さくなるが何のデータかはわからない

```
"0010","20201231","139.7454316","36.6585840","14:01:59"
"0010","20201231","139.7450316","35.6759323","14:05:59"
```

Point

- システム間でのデータの受け渡しでXMLやJSONは利用される
- JSONはフロントエンドとバックエンドのデータの連携で利用されることも増えている

サーバーの機能を分ける取り組み

サーバーやシステムを連携して利用する

8-7までで も見たように、ブラウザや端末側での機能や技術が、サーバー側の処理を軽減するようになってきました。別の方法でサーバー側の処理を軽減する例のひとつがマッシュアップです。

マッシュアップは**クライアント側で処理を実行して、複数のWebサービス（Webシステム）を組み合わせて1つに見せる技術**です。マッシュアップが実行できると1つのサービスやシステムですべてを処理する必要はなくなります。すでに動いているサービスを連携して使っていくという考え方でもあります（図8-15）。自らのサーバーですべての処理を行うのではなく、他のサーバーやクライアント側にも分担してもらいます。ただし、この例でいえば、Web APIで地図情報を提供してくれる事業者に依存する部分も大きい点は注意が必要です。

ユーザーの近くにサーバーを置く取り組み

マッシュアップは、**サーバー側の処理の負担を減らす**ことに貢献しますが、その他にも、エッジコンピューティングと呼ばれる、ユーザーの近くに**サーバーの機能やアプリケーションの一部を持ってくる取り組み**も進められています（図8-16）。

クライアント側から見れば、マッシュアップでは、複数並んでいるサーバーやサービス、システムの効率的な利用で、エッジでは、近いもので済む処理は近い方で実行するといった前後の選択になります。

マッシュアップやエッジコンピューティングはシステムの負荷を軽減させるとともに、ユーザーの利便性も向上させるので、このような発想も時には必要です。

すると、次元の異なる考え方も生まれることがあります。例えば、サービスやシステムの機能ごとに、パッケージにして、自由に仮想サーバー間を移動するような技術です。こちらは**8-11**で解説します。

図8-15 マッシュアップの例

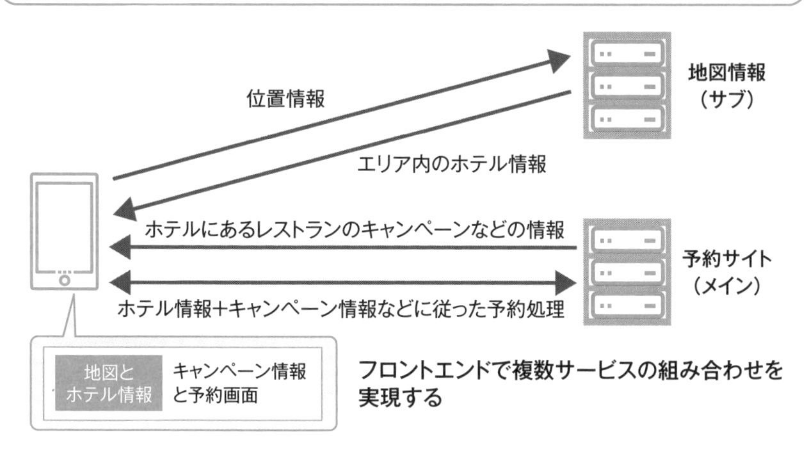

図8-16 エッジコンピューティングの概要

エッジコンピューティングはでユーザーの近くにサーバーを
分散して配置し、システム全体の負荷を下げる

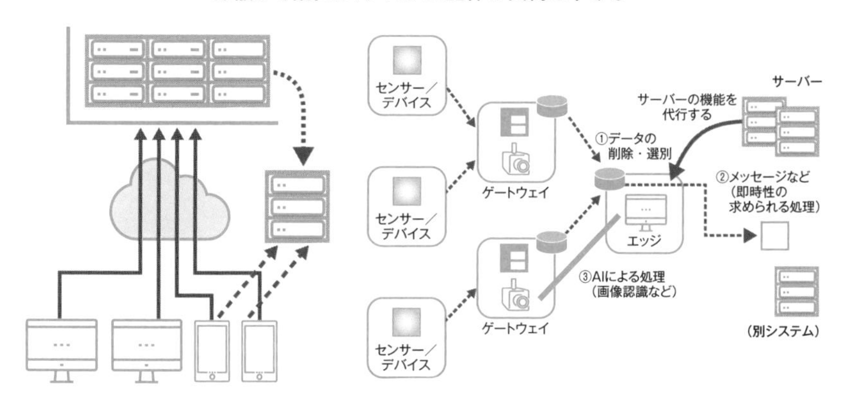

- Webやクラウドでは稼働後の対策として、IoTシステムなどでは必須の機能として取り組まれている
- 当初はサーバーの負荷を下げる方法として想定されていたが、今ではさまざまなサービスとの連携の手段にもなりつつある（エッジをハブのように利用する）

Point

- マッシュアップはクライアント側で複数のWebサービスを組み合わせて見せる技術
- Webサービスを組み合わせたり、機能を移動させたりすることで、現在ではサーバー側の負担は減る方向にある

決済処理に見る 外部接続の方式例

外部接続の方式例

Webシステムでは自前のアプリケーションだけでなく、他社のシステムを連携して活用することも多いです。本節では外部の決済代行会社への接続を例として、アプリケーションの外部接続の方式について整理します。

決済処理については、企業や個人などが、自らしくみを開発する必要はなく、すでにサービスとして提供されています。この例では主に3つの方法があります。

- **リンク方式＜CGIなど＞（図8-17・上）**
  商用サイトから決済会社のサイトにリンクして、決済が完了したら商用サイトに戻ります（商用サイトはカード情報を保持しない）。
- **API（データ転送）方式＜専用プログラム＞（図8-17・下）。**
  商用サイトがSSLに対応したカード情報を受けるページを準備し、決済代行会社のサーバーのAPIを通じて処理します（カード情報を保持する）。
- **トークン方式＜スクリプトなど＞（図8-18）**
  カード情報をスクリプトで暗号化して決済会社に渡して、以降は暗号化されたデータをやりとりします（保持しないが、しているように見える）。

カード情報を保持するセキュリティリスクと、ユーザーからの見た目や利便性との比較衡量において最適な方式を選定します。

やりたい処理に対して方法は1つではない

決済処理を例として解説しましたが、外部接続の方式の例として確立されているものです。**Web上では、やりたい処理に対してさまざまな方法があるので、1つのやり方だけではないと柔軟な思考を持って臨むのが適切です。**

図8-17 リンク方式とAPI方式の概要

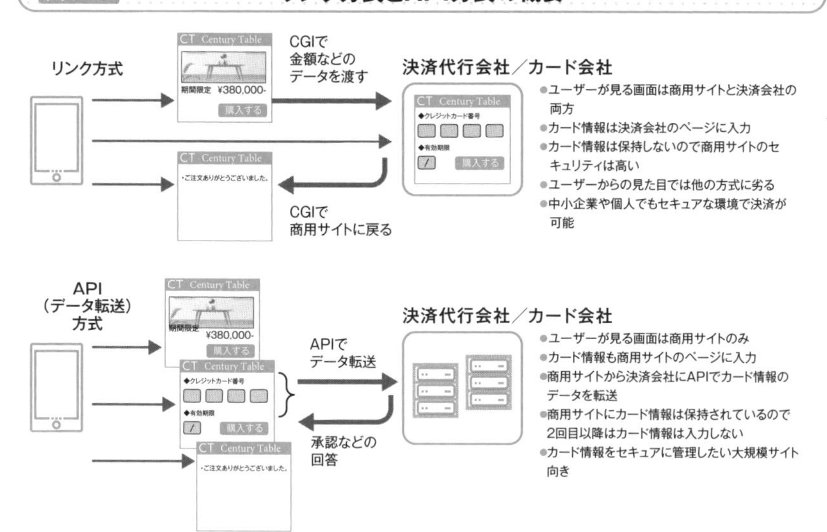

図8-18 トークン方式の概要

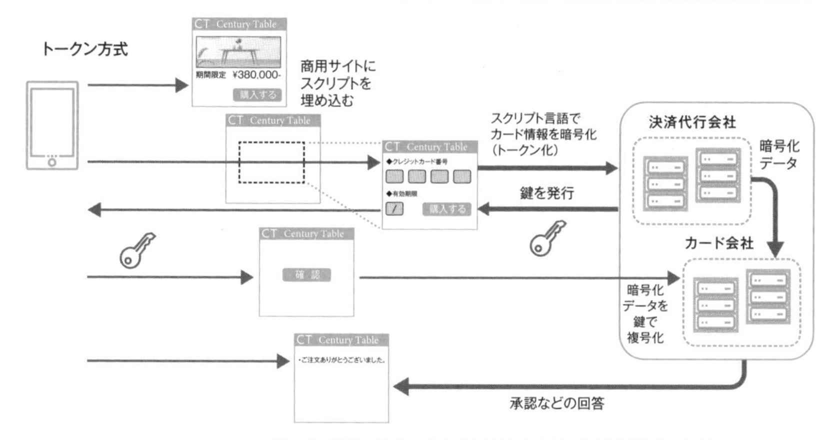

●ユーザーが見る画面は商用サイトと見た目にはわかりにくい決済代行会社の部品
●見た目(おおむね商用サイトの一貫性)とセキュリティ(カード情報を保持しない)のいいとこどり
●しくみ自体はやや複雑

Point

- 外部接続は決済処理を例に取ると、リンク、API、トークンなどのように複数の方式がある
- Webシステムでは外部システムの利用と接続を検討するのは普通のことで、さまざまなやり方があると考えるのが適切

» サーバーの仮想化技術

サーバーの仮想化技術の多数派

Webシステムは、ISPやクラウド事業者が提供する仮想サーバー上で実装されることが増えています。本節ではサーバーの仮想化技術について見ておきます。

これまで仮想化シーンをリードしてきた製品は、VMWare vSphere Hypervisor、Hyper-V、Xen、Linuxの機能の1つであるKVMなどですが、これらはハイパーバイザー型と呼ばれています。

ハイパーバイザー型は**現在の仮想化ソフトの多数派**となっていますが、物理サーバー上での仮想化ソフトとして、その上にLinuxやWindowsなどのゲストOSを載せて動かします。ゲストOSとアプリケーションから構成される仮想サーバーがホストOSの影響を受けないように動作するので、複数の仮想サーバーを効率的に稼働させることができます。ハイパーバイザー型が主流となる以前には、ホストOS型もありましたが、処理速度の低下などが起きやすいことから、現在では一部のミッションクリティカルなシステムなどに限定した利用となっています（図8-19）。

今後の主流となる可能性が高い軽量仮想化基盤

仮想化技術で今後の主流になるといわれているのがコンテナ型です。コンテナの作成にはDocker（ドッカー）と呼ばれているソフトウェアを使います。

コンテナ型の構成では、ゲストOSはホストOSのカーネル機能を共用することで軽量化しています。コンテナ内のゲストOSには必要最小限のライブラリしか含まないことから、CPUやメモリへの負荷が小さく、高速な処理が実現できます。また、アプリケーションの起動がスムーズになり、リソース効率がよくなります。さらに、**仮想サーバーのパッケージを小さく軽量化できること**がポイントです（図8-20）。各サーバーにコンテナ環境があれば、**コンテナ単位で別のサーバーに移行すること**もできます。

図8-19 ハイパーバイザー型とホストOS型

ハイパーバイザー型

- OSと仮想化ソフトがほぼ一体なので完全な仮想環境を提供する
- 障害発生の際に仮想化ソフトかOSかの切り分けは難しい
- 比較的新しいシステムに多い

ホストOS型

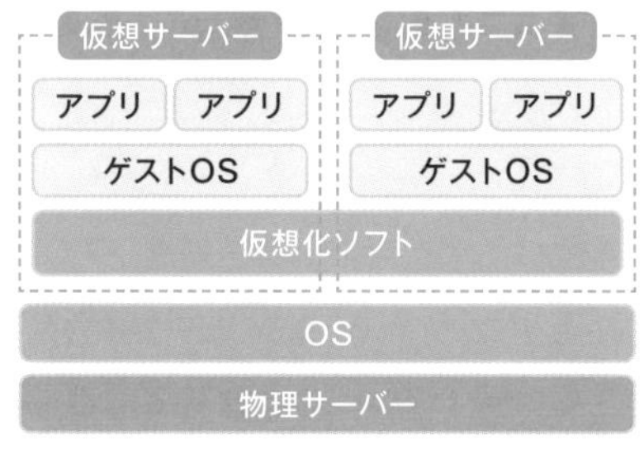

- 仮想サーバーから物理サーバーにアクセスする際はホストOSを経由するので速度の低下などが起きやすい
- 障害発生の際の切り分けはハイパーバイザー型よりしやすい
- 伝統的なミッションクリティカルなシステムなどでは根強い人気がある

図8-20 コンテナ型とコンテナ単位での移動

コンテナ型

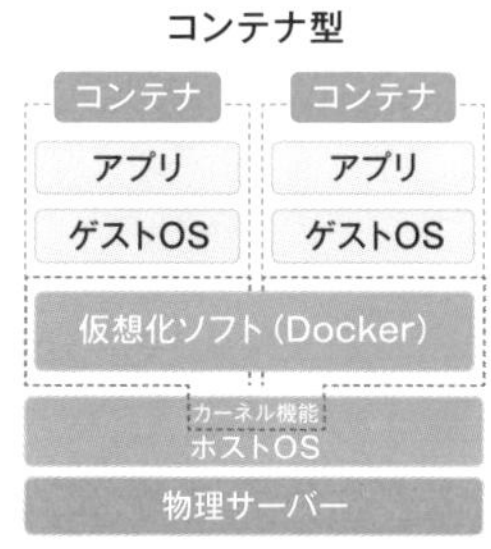

- 仮想化ソフト（Docker）が1つのOSをコンテナと呼ばれるユーザー向けの箱に分割
- 箱ごとに物理サーバーのリソースを独立して利用できる
- コンテナのゲストOSはホストOSのカーネル機能を共有できる

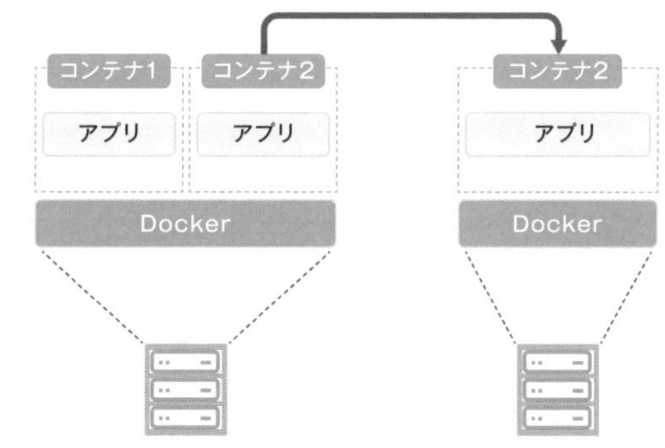

- Dockerの環境があれば比較的スムーズに移行できる
- アプリケーション単位で移行ができるので管理もしやすい
- 上級者になると1アプリ1コンテナでシステムを構築するが、現実的には1コンテナ複数アプリで作ることが多い

Point

- サーバーの仮想化技術ではハイパーバイザー型が多数派を占めている
- 今後はコンテナ型が主流になるといわれているが、仮想サーバーを軽量化でき、コンテナ単位での移行ができる特徴がある

» Webシステムの新たな潮流

Webシステムとコンテナ

Webアプリや Webシステムには、フレームワークが多数使われているように、ユーザーの認証などに始まる型化ができつつあります。

8-10で解説したコンテナのしくみを利用すると、**サービスやシステムの機能ごとにコンテナを作成して、それぞれの仮想サーバーを立てることも可能**です。Webシステムでの例として、認証、DB、データ分析、データ表示などのサービスごとにコンテナを作成します。それぞれのサービスやアプリケーションはOSSを利用しているので、頻繁にバージョンやレベルアップの更新作業が必要となりますが、あらかじめ別の仮想サーバーにしておくことで、他のサーバーに影響を与えることなくスムーズな更新が可能となります。

一連のコンテナの管理

それぞれのサービスのコンテナは、Dockerとネットワークの環境があれば、**必ずしも同一の物理サーバー上に搭載する必要はありません**。ただし、一連のサービスを管理して、どの順番でサービスを動作させる、などの異なるサーバー間に存在するコンテナの関係性を管理する**オーケストレーション**が必要となります（図8-21）。代表的なOSSとして**Kubernetes**（クーバネティス）があります。Kubernetesのようなソフトがあると、コンテナはどこにあってもよいので、大量のデータ分析に強い高性能なサーバー、認証に特化した普及版のサーバーなどに分けることも可能です。クラウド事業者やISPをまたぐこともできます（図8-22）。

対象となるWebシステムの将来や最終形をイメージすることができれば、サービスやアプリケーションとそれらを載せた仮想サーバーと、物理サーバーの関係は定義できるはずです。コンテナとオーケストレーションも選択肢の1つとして持っておきましょう。

図8-21 **コンテナの実装の例**

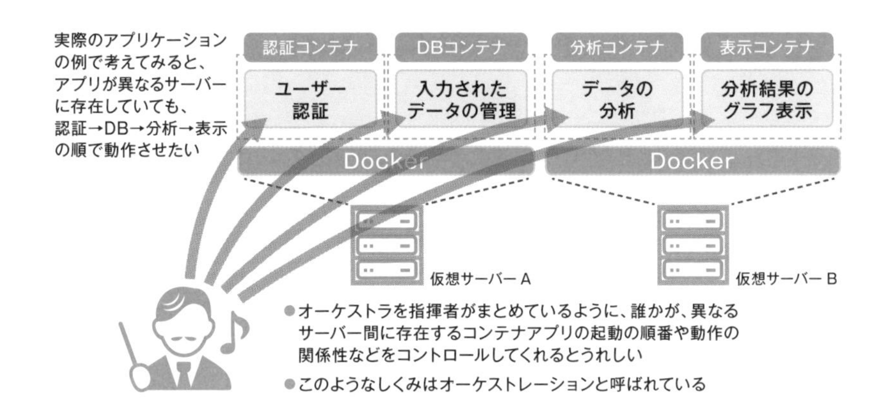

図8-22 **Kubernetesの機能の概要**

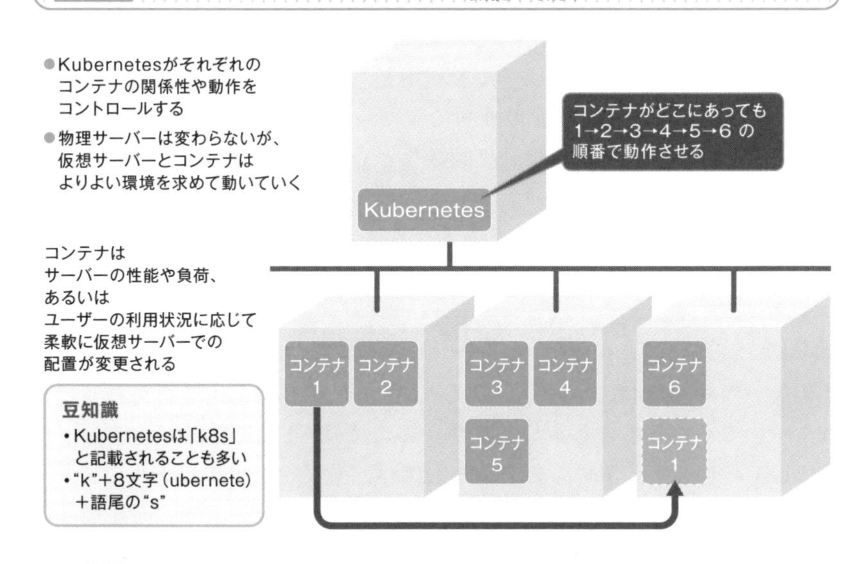

Point

- サービスやシステムの機能ごとにコンテナを作成して、別の物理サーバーに置くこともできる
- 多数の仮想サーバーを同一の物理サーバーに載せるだけでなく、別々の物理サーバーに載せる方法もある

Webサーバーの負荷の実測

負荷テストツールによるテスト

本節では、Webサーバーにおいて、実測値で性能見積りをする例を解説します。近年の傾向としてはWebシステムの規模が大きくなればなるほど、テスト環境で事前に実測をしながら開発を進めることが増えています。クラウド環境での開発が増えてきたことで、開発環境と本番環境が緊密に連携していることや、ユーザーエクスペリエンスへの対応が背景にあります。

実測のためには、条件を定めて、サーバーの**負荷をテストするツール**とCPUやメモリの**利用状況を示すツール**などを組み合わせて行います。本節では、無償の負荷テストツールを利用した例を紹介します。

図8-23は、Apache JMeterの画面ですが、負荷テストに向けて、同時アクセス数、アクセス間隔、ループ回数などを設定している例です。知られているツールであれば、負荷テストで必須の項目がすでに定義されているので、想定される最大のアクセス数などを定めて実行することができます。

CPUとメモリの利用状況のモニター

テストツールには、サーバーのCPUやメモリの利用状況をあわせてモニターしてくれるものもありますが、ここでは、Linuxのdstatコマンドを紹介しておきます。使い方の一例としては、負荷テストのツールで負荷をかけているときに、サーバーのリソースの状況をリアルタイムで確認します。図8-24は、CPUとメモリの負荷の状況をモニターしている例です。

実際のWebサイトで負荷テストをしてみると、トップページやその他の固定されたページの閲覧では、サーバーへの負荷はほとんどかかりませんが、商品の検索や閲覧・注文などで、データベースを回すことが増えれば増えるほど、確実に負荷は上がります。**このあたりも想定したうえで、テスト計画や性能見積りを検討する必要があります。**

図8-23　負荷テスト（測定）ツールでの設定の例

Apache JMeterの設定の例

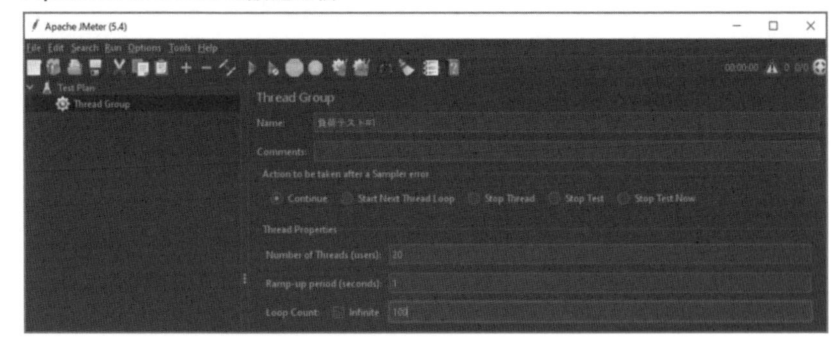

- Number of Threads（users）は同時アクセス数
- Ramp-up period（seconds）はアクセス間隔
- Loop Countはループ回数

を示している。ここでは、それぞれ20、1、100で設定している

Windows PCから実行することもできるが、Apache JMeterに加えて、Javaのインストールが必要

図8-24　CPUとメモリの利用状況をモニターする例

dstatの実行画面の例

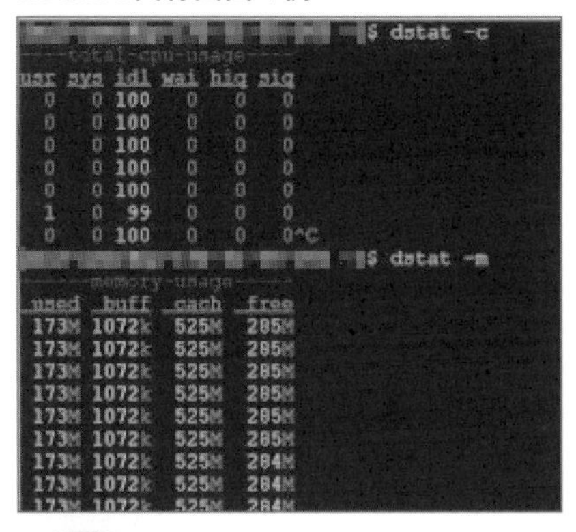

- dstatは、CPUやメモリなどの負荷を表示するコマンド。sudo yum install dstatなどでインストールする
- dstat -c でCPU、dstat -m でメモリのように、それぞれの使用率や使用量を表示することもできる。横長にはなるが一覧で表示することもできる
- 負荷テストのツールを回している状態でモニターする場合などで利用する

※第6章の「やってみよう」では、データベースを回したときのクライアントの負荷を見た例を紹介しているが、実務では、サーバー、データベース、クライアントの視点で負荷を実測することが重要

Point

- サーバーの負荷を測定するツールを利用して、負荷の実測を行う
- 負荷のテストとあわせて、CPUやメモリなどの利用状況を確認する手段を想定しておくこと

仮想サーバーの性能見積り

性能見積りの方法

サーバーの性能見積りは、Webを含めたさまざまなシステムで必須です。本節では基本的な業務システムの例で解説しておきます。

サーバーの性能見積りの進め方としては、次の3つの方法があります(図8-25)。

- **机上計算による積み上げ**
  ユーザー要求をもとに必要なCPU性能などを積み上げて算出します。
- **事例やメーカーの推奨**
  同種の事例やソフトウェアメーカーの推奨を参考にして判断します。
- **ツールでの検証や実測に基づく見積り**
  ツールで負荷や利用状況を測定して実測値をもとに算出します。**8-12**で例示したような専用のソフトウェアを使うこともあります。

仮想サーバーの性能見積りの例

仮想環境を前提とする業務システムのサーバーの性能見積りの例として、図8-26のように、サーバーにOSを含めて6セットのソフトウェア、さらに仮想クライアントを5セット配備するケースで考えてみます。過去の事例とソフトウェアメーカーの推奨から、サーバー側は**CPUのコア数とメモリ**として4コア・8GBをVMWareの基準値に、クライアントは2コア・4GBを基準値にしています。数量に応じた積み上げと予備を含めると、43コア・85GB以上のサーバーが必要と計算できます。

このように、性能見積りでは**基準値**をベースに算出するのが基本です。オンプレミスの場合には、手配後の構成変更を避けるために基準値に加えて余裕を持たせますが、クラウドの場合には、利用しながら調整することも可能です。

図8-25 サーバーの性能見積りの方法

机上計算による積み上げ

同種の事例やメーカー推奨を参考にする

ツールをインストールして性能や負荷の測定を行う

図8-26 業務システムでの仮想サーバーの性能見積りの例

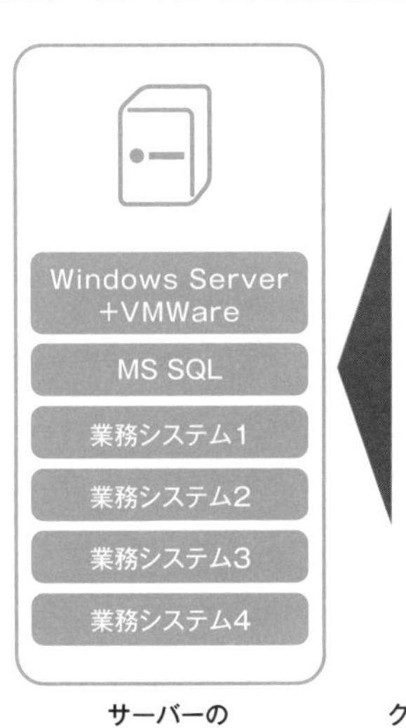

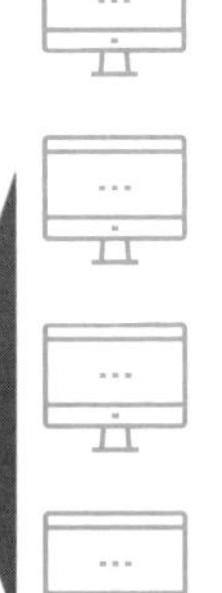

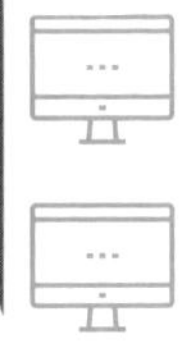

- 前提条件：
  Windows Server、VMWareでの仮想環境
- サーバー1台：
  業務システム：4セット
  データベース：MS SQL
- クライアント5台

【CPUとメモリ】

サーバー用 VM 〈4コア·8GB〉×6セット	=24コア・48GB
クライアント用 VM 〈2コア·4GB〉×5セット	=10コア・20GB
合計	34コア・68GB
予備としての調整（×1.25）	43コア・85GB

結論として

▼

43コアのCPU・85GBのメモリ以上のサーバーを手配する

サーバーの仮想環境 計6

クライアントの仮想環境 計5

Point

- サーバーの性能見積りには、机上計算、事例やメーカーの推奨、ツールでの検証や実測に基づく方法がある
- 仮想サーバーの性能見積りは、CPUのコア数とメモリなどでの基準値をベースにして積み上げて算出する

» データ分析システムの構成例

データやログの分析

Webシステムにはアプリケーションで集めたデータ、システムへのアクセスのログなどのように、さまざまな種類の大量のデータがあります。**9-4**でも触れますが、各種のデータ分析をするシステムは、システムとビジネスの両面から重要な位置にあります。本節では、OSSを利用したデータの分析や表示のシステムを例として解説します。

アプリケーションのデータやシステムへのアクセスのログなどは、データベースやOSのLogフォルダに蓄積されます。図8-27の構成例では、蓄積されたデータを全文検索アプリのElasticsearchで解析して、その結果をビジュアル化してくれるKibanaで表示しています。**Web環境で大量のデータを分析して表示してくれるしくみ**として、このような例があることを知っておくとよいでしょう。

仮想サーバー上でのソフトウェア構成として、ユーザーが見るのはKibanaの画面ですが、バックヤードではElasticsearch、APサーバー機能、MongoSQL、Apacheがそれぞれ動いています（図8-27）。

このようなシステムはアクセスその他のログ分析でも使われますが、定型化されたデータが多数のデバイスから随時アップロードされるIoTのシステムなどでもよく利用されています。

コンテナを活用した場合の構成例

上記は仮想サーバー上での構成例ですが、**8-10**・**8-11**で解説したコンテナの技術を活用したらどのような構成に変わるかを一例として示したのが図8-28です。

コンテナを活用する場合には、DockerやKubernetesなどのコンテナ型仮想化プラットフォームが必要となります。コンテナが最適なサーバーに移動できることを想定すると、**Logの取得方法も変更する必要があります。**

図8-27 仮想サーバー上でのログ分析システムの構成例

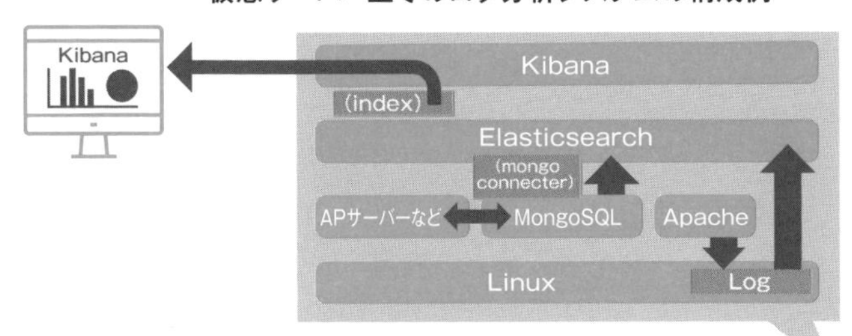

- Elasticsearchは全文検索アプリ、日本語対応には「kuromoji」などが必要
- 全文検索は文字列をキーにして、複数の文書を含めて検索して目的のデータを探し出す機能で検索エンジンのもととなるしくみ
- MongoSQLやLinuxのアクセスログが格納されるLogフォルダにElasticsearchからのアクセス権（ReadOnly）を付与することで、Elasticsearchから各DBやフォルダにアクセスしてデータを読み取り解析する
- 解析した結果はIndexファイルとしてまとめられる（どのファイルのどこにどのようなことが含まれているかがインデックスされている）
- Kibanaは、このIndexの情報を図表として表示する

図8-28 コンテナでの構成例

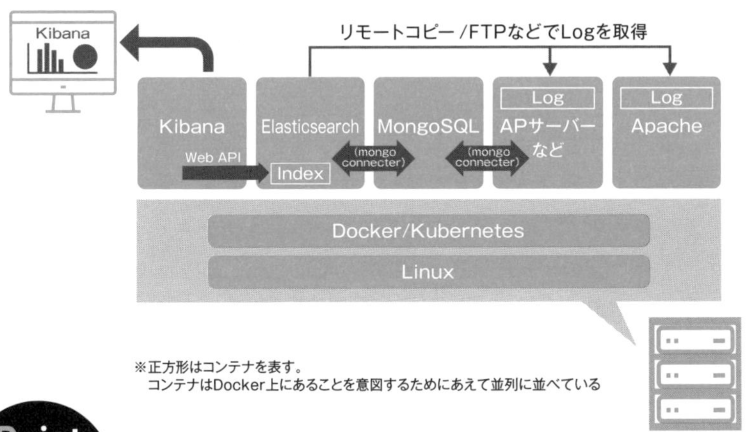

※正方形はコンテナを表す。
コンテナはDocker上にあることを意図するためにあえて並列に並べている

Point

- Web環境でOSSを活用してデータの分析や結果の表示をする場合の構成については典型的な例がある
- 仮想サーバー上のWebシステムはコンテナが活用できる可能性もあるが、データの取得方法などはそれに合わせて変更が必要

やってみよう

コンテナ化するサービスのピックアップ

第8章ではコンテナと関連する技術について解説してきました。コンテナは現在のクラウドサービスをけん引している技術のひとつですが、ここで既存のWebシステムをコンテナ化するための練習をしておきたいと思います。

コンテナの上級者は、「1サービス（アプリ）／1コンテナ」で実装している人が多いようですが、これを1つの基準と考えて進めてみます。

次のようなケースで、どのようにコンテナ化するか考えてみてください。もちろん答えは複数にわたるかと思われます。

ケース：

Web上で売上一覧などを表示したいが、次の3つの機能から構成されている

- **OSS1を利用した表示サービス**
- **OSS2を利用した表示のもとになるデータ分析サービス**
- **さらにOSS3を利用した対象となるデータの管理サービス**

アプローチ例

その1

小さなサービスをあわせて全体を実現する発想と、コンテナ内の部品を入れ替えても他のコンテナに影響を与えない発想から、分析結果表示サービス（OSS1起動＋分析結果表示処理）、データ分析サービス（OSS2起動＋データ分析処理）のように3つのコンテナにします。例えば、後でOSS1からOSS4への入れ替えなどがあり得ますが、別のコンテナに影響を与えずに修正できます。

その2

ケースをデータの流れで見ると実は同じデータを扱っています。同じデータを扱う1つのサービスと捉えて1つのコンテナ内にパッキングします。

ここではサービスで分ける例と扱うデータで分ける例を紹介しましたが、何のためにどのように分けるかで切り方は変わります。

第9章

セキュリティと運用

～Web固有とシステム全般と～

脅威に応じたセキュリティ対策

不正アクセスへの対策

Webシステムも含めて、情報システムで一般的に取られているセキュリティ上の脅威のメインは、不正アクセスで対策もおおむね型化がされています。

Webサイトやシステムが外部から不正にアクセスされると、データの漏えい、ユーザーへのなりすましなどのほか、ビジネスへの実害の恐れがあります。それらを防ぐために、基本的には外部ならびに内部において、不正なアクセスができないようにする対策が必要となります。Webというと、外からの攻撃を思い浮かべる方も多いかもしれませんが、クラウド事業者などは内部での不正アクセスにも対策を施しています。図9-1では、各種のシステムで共通の不正アクセスへの対策例を示しています。

Webシステムのセキュリティ対策

インターネットを前提とするサービスではさらに複雑で、外部と内部からの不正アクセスに加えて、**各種の攻撃や侵入などのセキュリティ脅威があります**（図9-2）。追加される脅威を整理すると次のようになります。

＜悪意のある攻撃＞

- **迷惑メールや怪しい添付メールの送信**
- **大量のデータ送信によるサーバーのダウンを狙う**
- **なりすましなどの標的型攻撃**
- **OSなどの脆弱性を突く攻撃**

1日に何万人以上も訪れる企業のWebサイトなどでも、アクセスの何割かは悪意のある攻撃などともいわれていますが、このあたりも含めて次節からセキュリティ対策を見ていきます。

図9-1 不正アクセスへの対策例

セキュリティ脅威	対策例
外部からの不正アクセス	●ファイアウォール ●緩衝地帯（DMZ） ●サーバー間通信の暗号化
内部からの不正アクセス	●ユーザー管理 ●アクセスログの確認 ●デバイス操作の監視

図9-2 Webシステムで想定されるセキュリティへの脅威

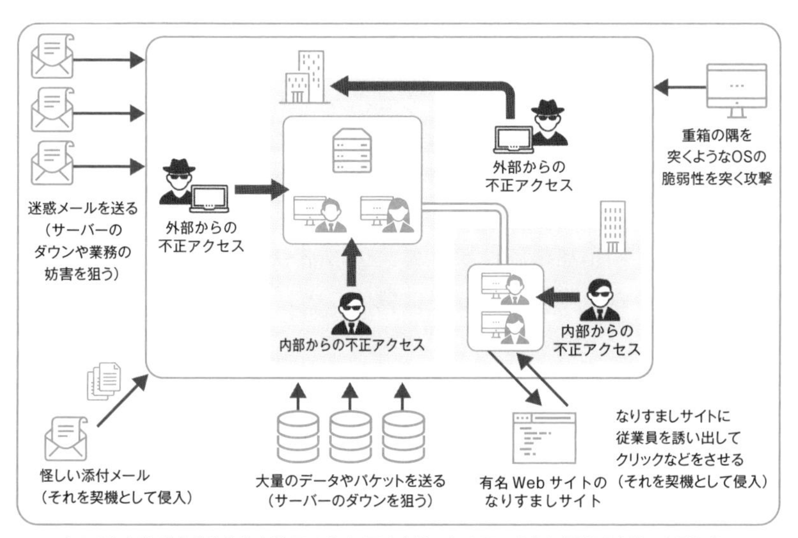

- クラウド事業者が対策を施す範囲は広く、悪意を持った上記のような標的型攻撃にも耐えうる
- 一部の大手企業なども同じレベルの対策をしている
- 近年はサイバーセキュリティ専門のセンターなども併設されている

Point

- セキュリティ対策は想定される脅威に基づいて立てられている
- インターネット接続を前提とすると、悪意のある攻撃などへの対策も必要となる

セキュリティ対策の物理的な構造

ファイアウォールと緩衝地帯

セキュリティ対策は外部向けと内部向けとありますが、ISPやクラウド事業者、さらに企業や団体でも、規模こそ違うものの**物理的な構成はおおむね同じ**です。わかりやすさのために、先に物理的な構造を見ておきます。

図9-3のように、フロントにインターネットのセキュリティでおなじみのファイアウォールが設置されていて、内部のネットワークとの間に緩衝地帯が設けられます。ファイアウォールは内部のネットワークと外部との境界で通信の状態を管理してセキュリティを守るしくみの総称です。緩衝地帯を越えると内部のネットワークに入りますが、入り口のところでは、アクセスの負荷を分散するしくみなどがあります。その後でサーバー群へとつながります。

ファイアウォールや緩衝地帯は現在のWebシステムでは必ず設けられますが、システムの規模によっては機能ごとに装置を分ける構成になります。ISPやクラウド事業者では大規模であることから、複数の装置やサーバーに分けられます。

機能分けされた防御の方法

基本的には外部からの不正なアクセスは、ファイアウォールと緩衝地帯までで取り除くように設計されています。

図9-4は図9-3を横から見たような図です。ファイアウォールで限られた通信だけを許可することに加えて、緩衝地帯で防ぐようになっています。このような**階層構造に機能分けして防御すること**は多層防御と呼ばれています。

ファイアウォールですべてをブロックするわけではなく、特定の送信元や宛先のIPアドレスやプロトコルでのアクセスなどは通過させます。例えば、**3-8**で解説したように特定のプロトコルとポートだけを通過させるなどです。

続いて、緩衝地帯のしくみについて見ていきます。

図9-3 **セキュリティ対策の物理的な構造のイメージ**

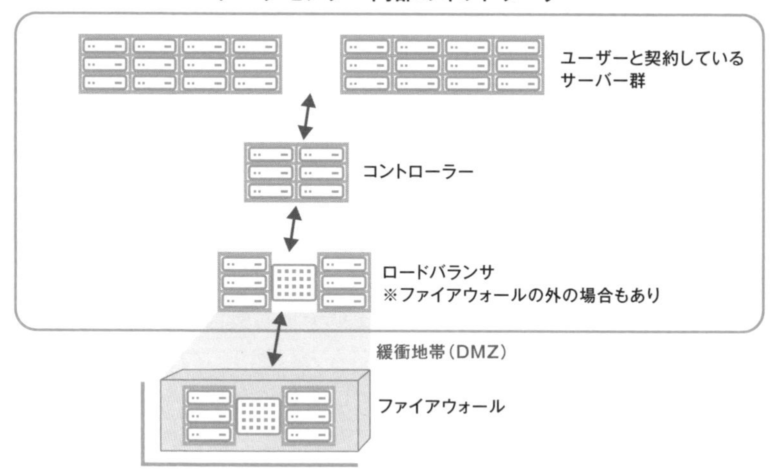

図9-4 **ファイアウォールと緩衝地帯の役割**

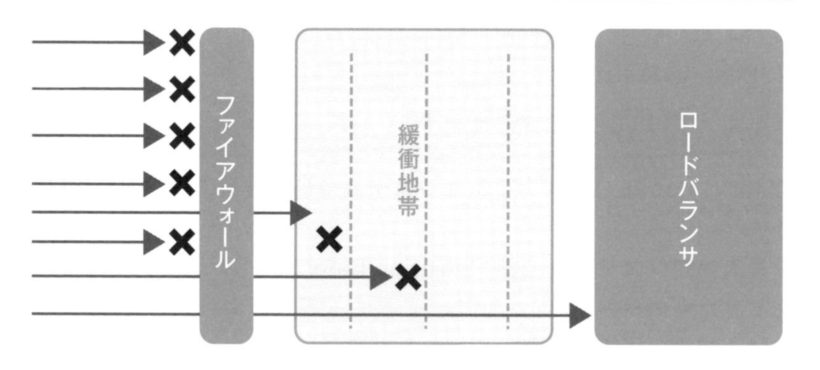

- ファイアウォールでも特定の送信元や宛先のIPアドレスやプロトコルは通過させる
- 不正アクセスや悪意のある攻撃などはファイアウォールと緩衝地帯でブロックされる
- あらかじめ定められたルールで正しく許可されたデータだけが通過できる

Point

- セキュリティ対策の物理的な構造としては、ファイアウォールとその先に緩衝地帯がある。
- 階層構造で機能分けして防御することは多層防御と呼ばれている

緩衝地帯での守り方

セキュリティ専用のネットワーク

ファイアウォールと内部のネットワークの間の緩衝地帯はDMZ（DeMilitarized Zone）とも呼ばれています。DMZは**セキュリティシステム専用のネットワーク**で、DMZネットワークと呼ばれることもあります。物理的には、**入り口のところに、セキュリティ対策機能を持ったサーバーやネットワーク機器を設置します**。もともとは図9-5のように、セキュリティ機能専用のハードウェアを増やしていく方法とソフトウェアで制御する方法がありました。また、ハードウェアを機能ごとに分ける場合と、1つにまとめる場合がありますが、後者はUTM（Unified Threat Management：統合脅威管理）と呼ばれています。一般の企業であれば1台のUTM製品で対応していることも多いですが、データセンターではUTMでも複数台となります。

侵入を検知して防止するシステム

DMZのフロントは、次のようなシステムで構成されます（図9-6）。

- **侵入検知システム（IDS：Intrusion Detection System）**
  私たちの日常生活において、監視カメラが異常行動を検出するように、想定以外の通信のイベントを異常として検出します。セキュリティ対策としては攻撃に当たるようなパターンを見極めます。
- **侵入防止システム（IPS：Intrusion Prevention System）**
  異常検出された通信を自動的に遮断するしくみです。不正アクセスや攻撃と判断すると以降はアクセスできなくなります。

これらは、IDS/IPS、IDPSなどと一言で表現されることもありますが、極めて重要な役割を担っています。

図9-5 もともとのDMZの2つの流れ

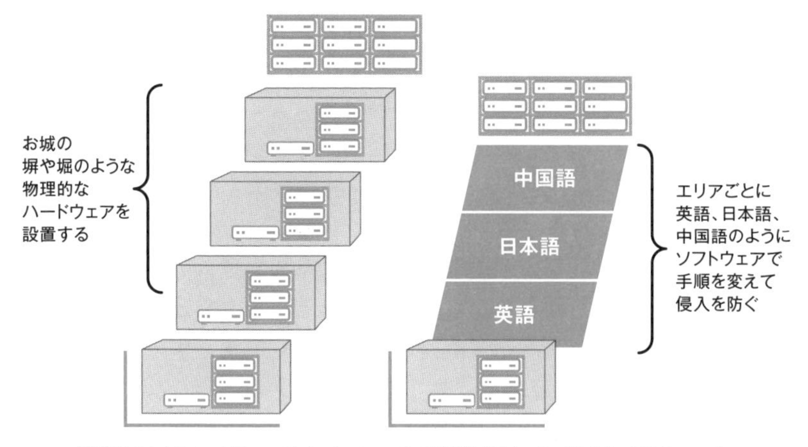

DMZはもともとハードウェアでファイアウォールの機能を増やしていく方法とソフトウェアで制御する方法があったが、現在は仮想化技術で一緒になったともいえる

図9-6 DMZネットワークの構成例

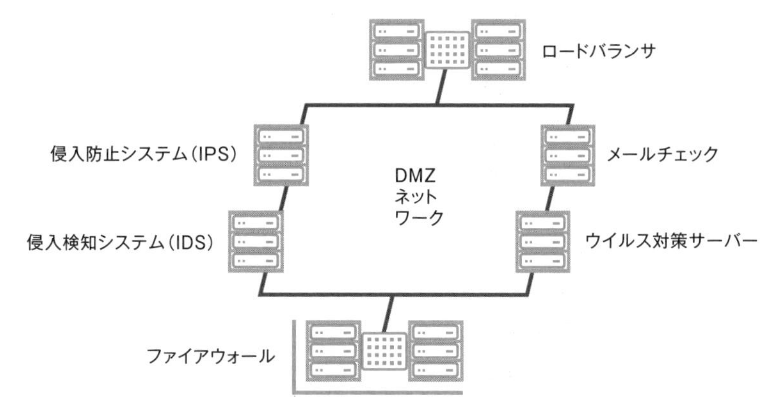

- ファイアウォールの後ろに展開されているDMZネットワーク
- それぞれの機能を持ったサーバーが並んでいる
- 筐体を分けるのはそれぞれの機能や対策の強化がしやすいことによる
- 一般企業などではUTMとして1つの筐体にまとまっていることもある

Point

- DMZは内部ネットワークを守るセキュリティ専用の機器やネットワーク
- DMZの入り口には侵入を検知するシステムが設けられる

» 緩衝地帯を抜けた先の守り

IDS/IPSを抜けた通信への対応

IDS/IPSで通常とは異なるアクセスや、DoS（Denial of Service）攻撃のような短時間にサーバーが処理できないような大量のアクセスなどは防ぐことができます。しかしながら、悪意のあるデータなどが含まれていても、見た目は正常に見える通信は通過することができます。

そこで、通信の内容を見て悪意のあるデータの有無を確認するWAF（Web Application Firewall）などのしくみがあります。専用の機器やソフトウェアで行いますが、難易度の高いしくみであることから実質的には大規模サイトやクラウド事業者などでの運用に限られています（図9-7）。

WAFの中には、過去の実績などによる特定のパターンを持っている通信を遮断するブラックリスト型や、数は多くなりますが正常なパターンと照らし合わせるホワイトリスト型などの方法があります。WAFは、SQLインジェクションやクロスサイトスクリプティング（Cross Site Scripting）などの、Webサイトの脆弱性を突く攻撃にも対応します。ISPやクラウド事業者では高度なノウハウを要するサービスに位置づけられています。

ログの分析と結果を反映するシステムが最重要

WAFや**9-3**のDMZは、ISPやクラウド事業者、あるいは大規模なWebサイトを運営している企業においては必ず整備されています。

これらのセキュリティ対策が十分な効果を上げるためには、実は**過去の不正や悪意のある通信のログの蓄積と分析が重要**となっています。それぞれの事業者は、これらのログの分析と分析結果をDMZネットワークなどに反映するシステムに関して、独自の高度なノウハウを有しています。図9-8はそれをイメージしたものですが、ログ分析と結果を反映するシステムが現在のセキュリティ対策の肝といえます。

図9-7 **WAFの概要**

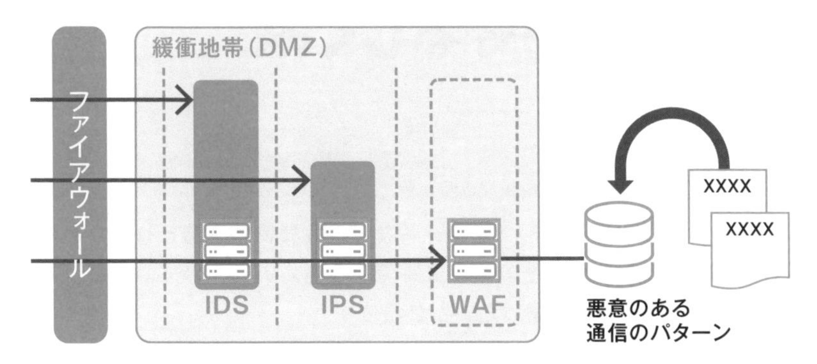

●ファイアウォールを抜けてIDS、IPSも抜けたところでWAFが対応する
●ブラックリストとも呼ばれる随時追加・更新される悪意のある通信のパターンを遮断する
●しくみとしては高度なノウハウを必要とするので高価でもある

図9-8 **セキュリティ対策で極めて重要なログ分析**

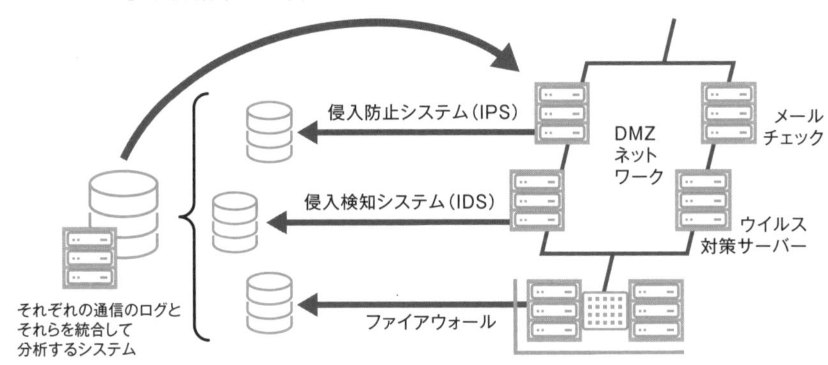

●クラウド事業者はログ分析専用のデータベースシステムを保有している
●セキュリティ対策の肝でもある

Point

- IDPSを抜けた悪意のある通信に対してはWAFなどのしくみで対応する
- DMZやWAFなどが十分な効果を発揮するためには、過去の不正や悪意のある通信ログの分析とその結果を反映するシステムが肝となっている

お客さまを守るしくみ

企業システムの本人確認

悪意のある第三者にIDとパスワードなどの会員情報を盗まれることや、なりすましによる個人情報その他の重要情報の漏えいについては、ビジネスへの信用を損なうことから避けたいところです。

企業のWebシステムでは、社員の本人確認についてIDとパスワード、さらにICカードや生体認証、業務用PC以外の端末なども利用した**多要素認証**（Multi-Factor Authentication：MFA）による厳格化が進められています（図9-9）。商用のWebシステムでは、顧客の利便性との兼ね合いから、そこまでの厳格さを求めることは難しい場合もあることから、運営側で対策を施すことになります。

なりすましやパスワードの取得などへの対策

このような場合に想定される脅威と対策は次の通りです（図9-10）。

- **パスワードクラッキング**：IDを取得した第三者が、プログラムでパスワードを次々と試して当てることで本人へのなりすましを図る。対策としては、パスワードの文字構成を複雑にさせる、随時の変更を促す、などの設定・変更に関する対策が主となるが、**CAPTCHA**（Completely Automated Public Turing Test To Tell Computers and Humans Apart）のように、人間でないとできない操作を入れる対策もある
- **セッションハイジャック**：**2-14**で解説したセッションや**2-13**で解説したCookieなどを何らかの方法で取得される脅威。対策としては、異なる端末やIPアドレスからのアクセスであれば直ちに遮断する、などがある

これらはWebで固有の対策ともいえますが、商用のWebサイトでも、多要素認証を導入して厳格化する方向に向かっています。

図9-9 多要素認証の概要

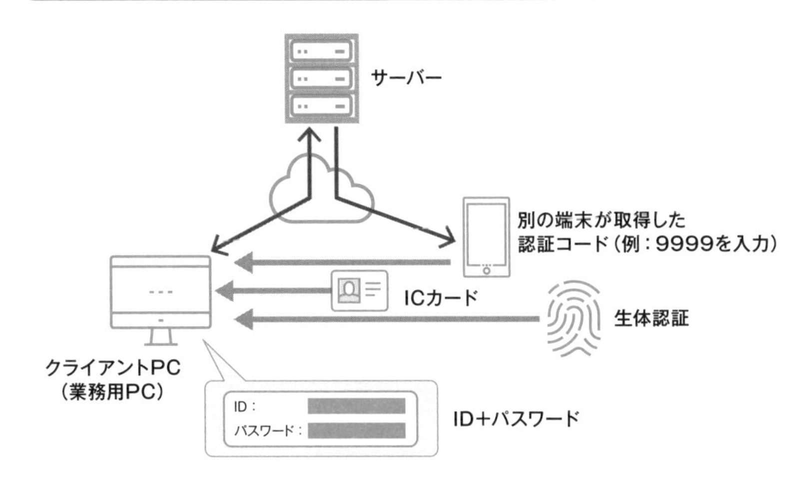

業務用PCでのID＋パスワードの入力に加えて、さまざまな要素で認証を行う

図9-10 パスワードクラッキングやセッションハイジャックの対策例

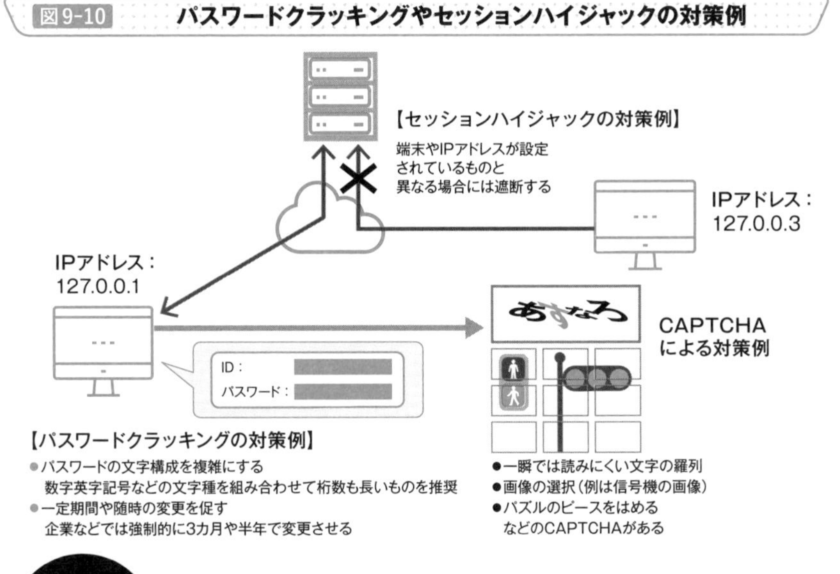

Point

- 企業システムでは本人確認に多要素認証の導入が進みつつある
- パスワードやセッションの取得などに対しては個別の対策が採られる

内部のセキュリティ対策

内部の不正アクセスへの対策

セキュリティ対策といえば、外部からの不正アクセスを想像する方が多いと思いますが、Webのサービスやシステムを提供する側の**内部からの不正アクセスへの対策があって初めて機能します。**内部では、次のような認証やデータ秘匿などの対策をしています（図9-11）。

＜アクセスと利用制限＞

- **認証機能**：ユーザー名、パスワード、証明書、生態含む多要素認証
- **利用制限**：管理者、開発者、メンバーなどの権限を設定したロールを提供し、業務要件に基づいて割り当てる。ロールベースアクセス制御とも呼ばれる

＜データ秘匿＞

- **伝送データの暗号化**：VPN、SSLなど
- **保管データの暗号化**：ストレージ書き込み時に暗号化するなど
- **不正追跡・監視**：不審者による利用の追跡ならびに監視を行う

これらの対策は、企業や団体のWebを利用したシステムで必須となっています。

厳密なサーバーへのアクセス制御

データセンターなどでは、勤務している社員の認証から**アクセスを厳密に制御します。**アクセス制御は、ユーザーの管理・認証、アクセスの制御、正しいアクセスの確認とログを残す監査機構などから構成される厳密なシステムで、一部の大企業などでも導入されています（図9-12）。

図9-11 Webのサービスの一般的なセキュリティ対策の例

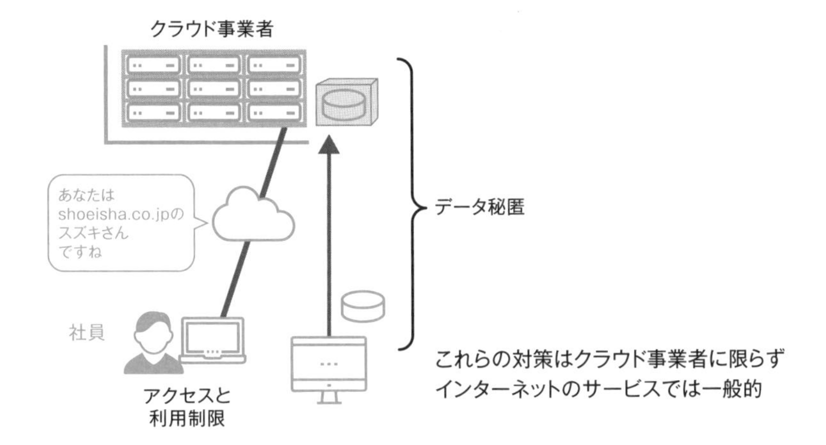

図9-12 データセンター内のアクセス制御の例

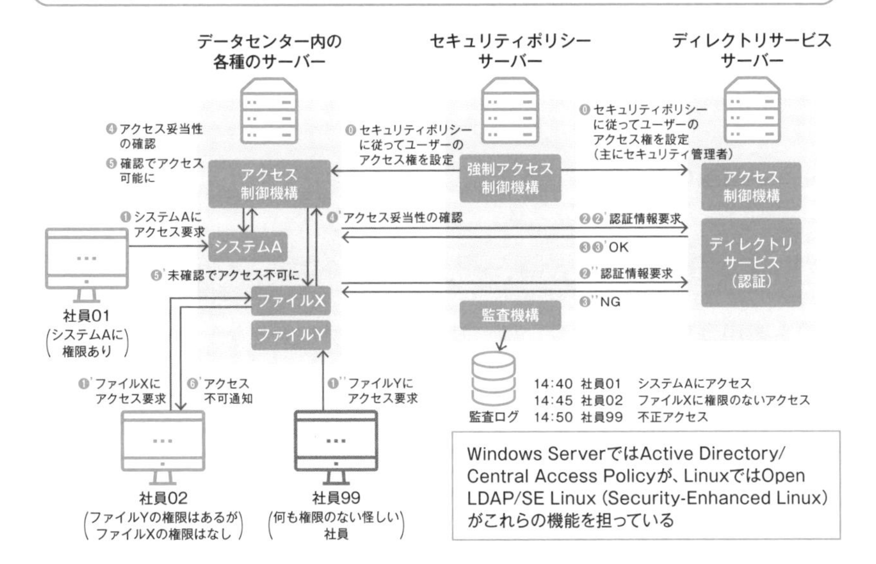

Point

- 内部での不正アクセス対策は、外部からの不正アクセス対策と両輪で機能する
- データセンターなどでは厳密なアクセス制御システムが利用されている

稼働後の管理

稼働後の管理

Webに限らず、システム稼働後の管理は大きく2つあります（図9-13）。

- 運用管理
  定型的な運用監視、性能管理、変更対応、障害対応などです。レンタルサーバーやクラウドの場合には、運用監視や性能管理はサービスとして提供されています。
- システム保守
  大規模システム向けになりますが、性能管理、レベルアップ・機能追加、バグ対応、障害対応などです。システム保守は一定の期間で終了することもあります。

中・小規模のシステムであれば、運用管理のみとなります。

運用管理もOSSの時代

自ら運用管理をする場合には、管理側と監視対象となるサーバーなどに専用のソフトウェアのインストールや設定をする必要があります。どのソフトウェアを使うかが課題となりますが、このような分野でもOSSの波が来ています。Zabbix（ザビックス）やHinemos（ヒネモス）などがあります。Zabbixはクラウド事業者やISPなどでも利用されている運用監視ソフトウェアの代表格です（図9-14）。

Zabbixは監視データなどの格納のためにデータベースを利用しますが、商用のデータベースだけでなく、MySQLやPostgreSQLなどのOSSも利用できます。エンジニアのスキルによっては、**システムの開発から運用まで、すべてOSSで対応できる時代**となっています。

図9-13　稼働後の管理の概要

	2つの管理	内 容	備 考
稼働後の管理	①運用管理 （システム運用担当者）	●運用監視・性能管理 ●変更対応・障害対応	定型的、マニュアル化できている運用など
	②システム保守 （システムエンジニア）	●性能管理・レベルアップ、機能追加 ●バグ対応・障害対応	主に非定型、マニュアル化ができていない運用など

●大規模システムや障害発生時の影響度合いが大きいシステムでの管理の例
●小規模システムや部門内に閉じたシステムであれば運用管理のみとなることが多い
●①と②の両方を含んで運用管理という場合もある

図9-14　Zabbixの概要

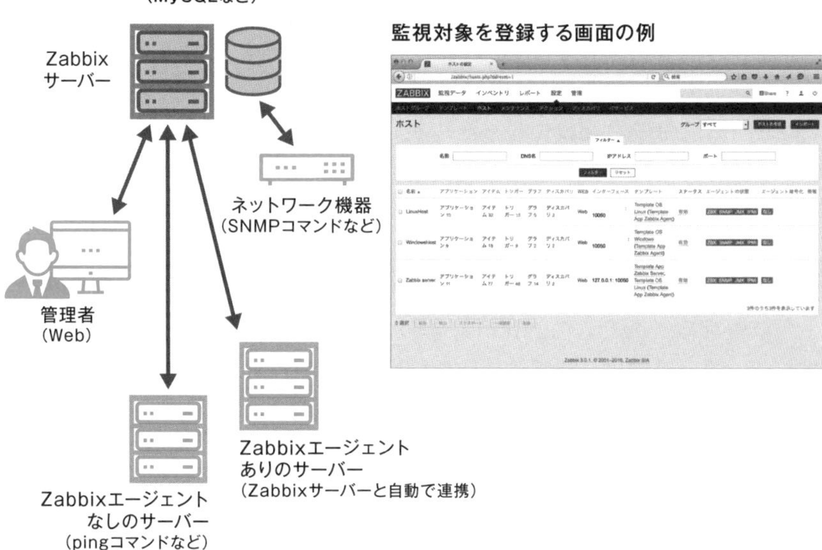

Zabbixを例として概要を示しているが、データセンターの運用監視ソフトウェアはこのような構成が多い

Point

- システムの稼働後の管理は大きくは運用管理とシステム保守の2つがある
- システムの開発から運用までOSSで対応できる時代になっている

サーバーの性能管理

状況の把握と増強・追加

Webシステムの運用管理の中で最も重要なのは**サーバーの性能管理**です。特に利用者数の変動が多いシステムなどでは、アクセス急増の際にCPUやメモリの使用率が上がることで、サーバーに想定以上の負荷がかかり、正常に機能しなくなる恐れがあります。

そのようなことを避けるために、基本的な方法として、運用監視ソフトで閾値（いきち）を設定してメッセージを受ける、性能管理のサービスを利用してメッセージを受けるなどがあります。あるいは、**8-12**で解説したように、自らCPUやメモリの**使用率をチェック**します（図9-15）。レンタルサーバーやクラウドサービスでは、サーバーの性能の増強や台数の追加などを迅速にできるものもあるので、そのような逃げ道も確認しておきます。いずれにしても、**危険な領域に入ったらすぐにわかるようにすることと、自らもサーバーの状況を把握できる方法を準備しておくこと**が重要です。

中で優先順位を変える

別の対策の一例として、**プロセスの優先度を変更する**方法があります。サーバーでの処理は、通常は複数が同時に実行されています。その中で優先度を変更して対処します。図9-16はWindows Serverのタスクマネージャーでの変更例ですが、Linuxであれば、reniceコマンドなどで変更します。CPUだけで解決すればいいのですが、CPUの使用状況には特に問題がない場合もあります。そのときは、次にメモリ、ディスクのように順を追って確認していきます。

プロセスの優先度の変更は1台のサーバーに多数のシステムが同居する業務システムではよく行われることですが、Webやクラウドから離れて、「オンプレミスのときはどうしていたか？」「業務システムならどうする？」などの発想を持つことも重要であることの一例です。

図9-15 **性能管理の例**

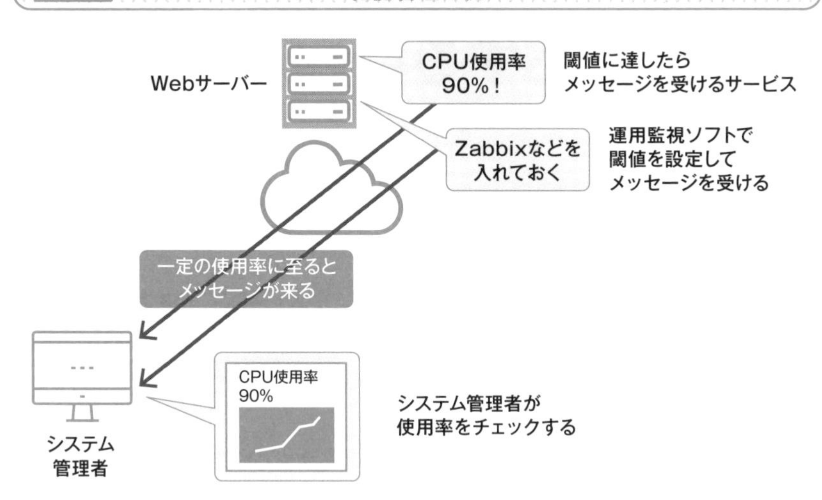

図9-16 **プロセスの優先度の変更例**

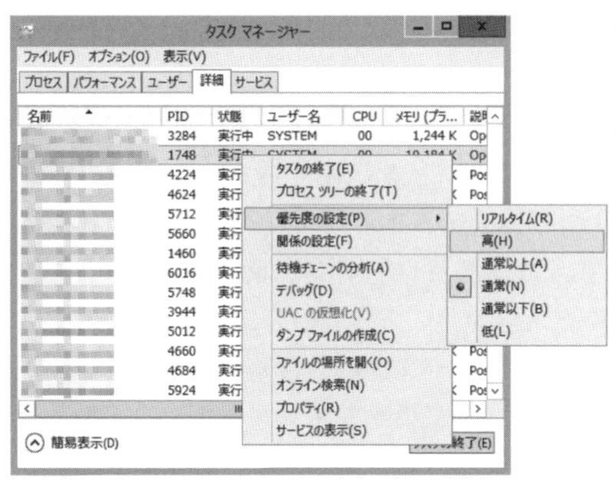

優先度を「通常(N)」から
「高(H)」に変更する例

優先度を上げたい処理を「高(H)」にして、下げたい処理は「通常(N)」や「低(L)」などにする

Linuxで実行中のプログラム(ID：11675)の優先度をデフォルトの「0」からやや低い「10」に設定するなら、「$sudo renice -10 -p 11675」というコマンドを入力する

※reniceで現在設定の優先度から下げる場合は管理者権限なしで実行できる。プログラム実行の優先度(nice)は、-20(優先度高)～19(低)で示される

Point

- 自らサーバーの使用状況を把握する、危険な領域に入ったら連絡を受けるなどの性能管理はWebサービスの提供において重要
- サーバーの性能の増強や追加だけでなく、サーバー内のプロセスの優先順位を変更する方法もある

障害に対応するしくみ

本番系と待機系

障害が発生しても稼働し続けるシステムはフォルトトレランスシステム（Fault Tolerance System：障害許容システム）と呼ばれています。システムの安定稼働に向けて障害とバックアップ対策を講じることは不可欠です。このような考え方はWebシステムでも、業務システムでも変わりはありません。

図9-17のようにサーバーを例として整理すると、本番系（アクティブ）と待機系（スタンバイ）のように、動いている機器と何かあったときのために待機している機器を用意する冗長化と、複数の機器で負荷を分散させる考え方があります。

クラスタリングの概要

本番系と待機系のように複数のサーバーを用意することを冗長化、ユーザーから本番系・待機系が1つのシステムとして見えるようにすることをクラスタリングともいいます。物理サーバーでは、図9-18のように、主にホットスタンバイとコールドスタンバイの2つの方法があります。

クラウドサービスなどでは、ネットワーク機器も含めた二重化自体はされていることから、追加のサービスとして、ホットスタンバイやコールドスタンバイを契約するかどうかということになります。また、**ホットスタンバイとコールドスタンバイの中間に当たるような、自動フェイルオーバー（Failover）と呼ばれる自動で再起動して待機系に切り替えるしくみなどもあります。**

障害対応に関しての基本的な考え方は上記の通りですが、対象となるシステムの重要性や規模に応じて、システムやアプリケーション、データなどに分けて考える必要もあります。バックアップについては、次節でもう少し細かく見ていきます。

図9-17　サーバーの障害対策の概要

対象	技術	概要	性質
サーバー本体	クラスタリング	本番系に障害が発生したら待機系に切り替わる	冗長化
	ロードバランシング	●複数に分けて負荷分散することで障害発生を未然に防ぐ ●もちろん、性能を劣化させないという目的もある	負荷分散

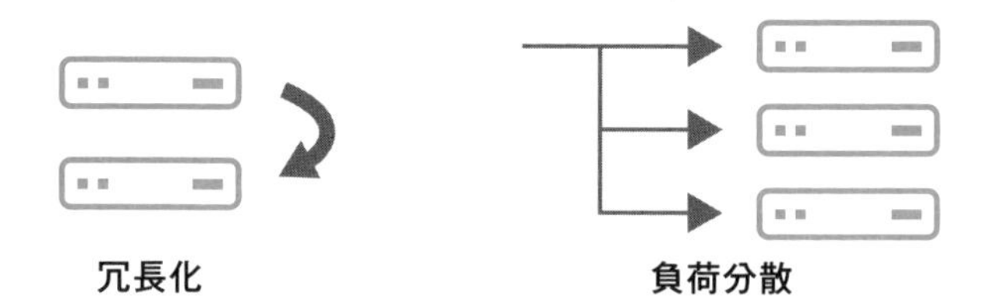

図9-18　物理サーバーのクラスタリングの概要

ホットスタンバイの例

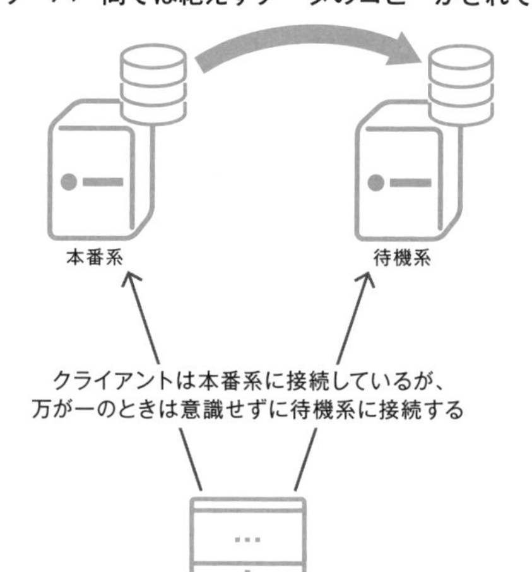

ホットスタンバイ

- 本番系・待機系を準備してシステムの信頼性を向上させる方法
- 本番系のデータを常時待機系にコピーしており、障害発生時にはすぐに切り替わる

コールドスタンバイ

- 本番系・待機系の準備はホットスタンバイと同様
- 本番系に障害が発生してから待機系を起動させるため、交代に時間がかかる

Point

- 本番系と待機系で冗長化するが、ホットスタンバイとコールドスタンバイがある
- 中間に当たる自動フェイルオーバーなどのしくみもある

» バックアップについて考える

システムの重要性に応じたバックアップの方法

バックアップについてもう少し細かく考えるために、図9-19のように、縦にコールドスタンバイ、ウォームスタンバイ、ホットスタンバイを、横にシステムとサーバー、データとストレージで整理してみます。ウォームスタンバイはISPやクラウドの柔軟性を活かした機能です。

図9-19を見ると、**バックアップの方法が上から下に向かうにつれて、重要度が高く止められないシステムである**ことがわかります。大量の顧客を抱えていて、止めた時間だけ注文や売上を失うようなシステムであれば、ホットスタンバイが選択されます。一方で、復旧まで若干の時間を要しても問題ないような情報提供が中心のシステムなどであれば、データのバックアップを中心としてコストを低く抑える考え方もあります。

中小規模のWebアプリでも障害対策は重要

中小規模のWebアプリなどでは、バックアップを人の手で行っている企業もあります。例えば、定期的にFTPなどで所定のファイル群をダウンロードしておいて、万が一の場合にはそれらをもとに復旧するなどです。しかしながら、このような方法はお勧めできません。ISPやクラウド事業者でもわずかな金額を追加するだけで、自動でバックアップをしてくれるサービスがあるからです。

バックアップに要する時間と工数、万一の復旧の際の時間や工数を手動の場合と比較するとかなりお得な価格設定になっています。ただし、このような場合でも一定の時間はシステムの内容によって、ビジネスが止まる可能性はあり得ます。そのようなことも含めて、バックアップのタイミングと迅速な復旧作業、さらに誰がやるかについては検討が必要です。バックアップについては、バックアップの方法ではなく、**復旧の視点で考えると、方向性が明確になります**（図9-20）。

図9-19　バックアップの方法と利用するうえでの考え方

バックアップの方法	システム／サーバー	データ／ストレージ	利用や料金などでの考え方
コールドスタンバイ	△	○	●予備の１台を仮押さえしておくので２台よりは安い ●ストレージは２セット分
ウォームスタンバイ※	(○)	○	●最小限の機能に限定した予備のサーバーで備えておく（回している） ●ストレージは２セット分
ホットスタンバイ	○	○	本番系と同等のサーバーとストレージをそれぞれ備えておく（回している）

○や△は復旧までを含めたバックアップシステムとしての効果
※バックアップ用のストレージを用意してデータのみのバックアップを取る考え方もある

図9-20　中小規模のWebアプリのバックアップと復旧の例

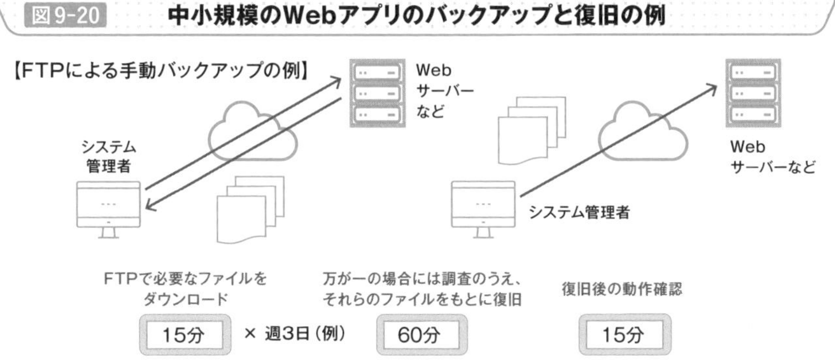

バックアップに関してコストはかからないが、手間がかかるのと復旧までが遅い

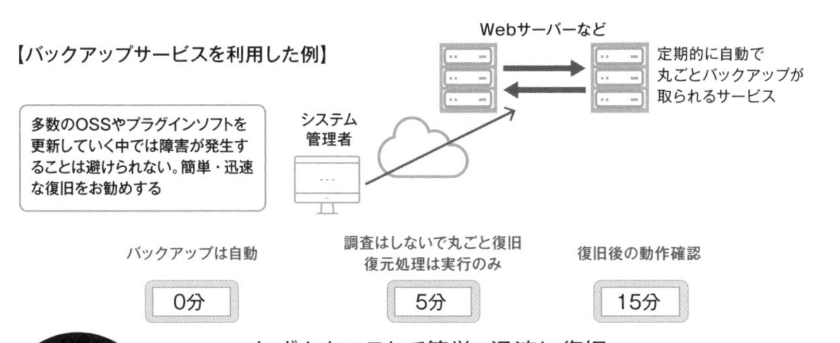

わずかなコストで簡単・迅速に復旧

Point

- バックアップの方法とシステムの重要性は比例する
- 中小規模のWebアプリを運用する場合は万が一の際の復旧の観点で考えてほしい

やってみよう

システムの可用性とセキュリティ

システムの可用性、性能、運用、セキュリティなどは見えにくい存在ですが、必要不可欠です。ところが、レンタルサーバーやクラウドサービスが一般的になってから状況が変わりつつあります。セキュリティや運用なども、これはつける・つけないなどのように、機能ごとに選択できるようになりました。

IDS/IPS、WAF、ログ分析などです。メールのチェックやウイルス、DDos攻撃対策などもあります。システムの特性によって要否が異なりますが、必須と想定される機能は検討すべきです。そんなときにまず考えてほしいのが、下図のような、外部・内部からの不正アクセスや攻撃の想定です。

セキュリティ脅威を確認する例

下図を例として、実際のセキュリティ脅威と想定されるものをマークまたは囲ってみましょう。さらに新たな脅威があればその言葉を付け加えます。

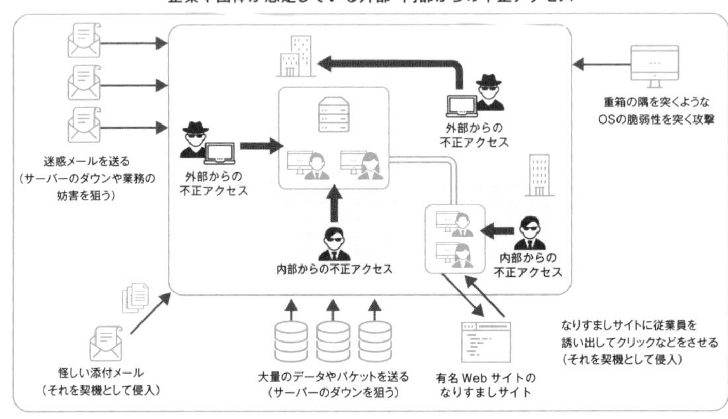

社内向けのシステムであれば内側の長方形の部分に絞れそうですが、Webシステムではかなりの部分がマークされそうです。

用語集

［・「➡」の後ろの数字は関連する本文の節］

A～Z

Angular (➡8-4)
TypeScriptやJavaScriptのフレームワーク。Googleで開発・利用されている汎用的なフレームワーク。

Apache (➡3-10)
Linux環境下で最もよく利用されているWebサーバー機能。

API (➡1-7)
Application Programing Interfaceの略称で、もともとは異なるソフトウェアがやりとりをする際のインタフェースの仕様を意味する言葉。Webでは、ハイパーテキストの表示ではなく、システム間のデータのやりとりのしくみを指すことが多い。

API（データ転送）方式 (➡8-9)
例として、商用サイトがSSLに対応したカード情報を受けるページを準備し、決済代行会社のサーバーのAPIを通じて処理をする（カード情報は商用サイトが保持する）方式が挙げられる。

ASP.NET (➡8-5)
マイクロソフトが提供しているWebアプリケーション開発のための最大のフレームワーク。

AWS (➡3-12)
Amazon Web Serviceの略。Amazonが提供しているクラウドサービス。

Azure (➡3-12)
マイクロソフトのクラウドサービス。

CAPTCHA (➡9-5)
Completely Automated Public Turing Test To Tell Computers and Humans Apartの略。人間でないとできない操作を入れるセキュリティ対策。

CGI (➡2-9)
Common Gateway Interfaceの略。動的ページでの、データの入力→処理の実行→結果の出力・表示の一連のプロセスのゲートウェイでもありトリガーとなるしくみ。

Chrome (➡1-6)
グーグルのブラウザ。

Cloud Foundry (➡6-7)
PaaSに関するオープンソースの基盤ソフト。

CMS (➡2-12・➡7-4)
Content Management Systemの略。基本的なWebページ、ブログ、管理機能などがパッケージングされている。

Cookie (➡2-13)
再接続を支援するための機能で、Webサーバーからのブラウザに対するデータを保存する機能。

CSS (➡2-4)
Cascading Style Sheetsの略。スタイルシートとも呼ばれ、主にページの見栄えや統一感を表現するために利用される。

DHCP (➡3-4)
Dynamic Host Configuration Protocolの略。IPアドレスを割り当ててくれる機能。

DMZ (➡9-3)
DeMilitarized Zoneの略。内部ネットワークへの侵入を防ぐためにファイアウォールと内部のネットワークの間に設けられるセキュリティシステム専用のネットワーク。

DNS (➡3-5)
Domain Name Systemの略称で、ドメイン名とIPアドレスをひもづけてくれる機能。

Docker (➡8-10)
コンテナを作成するソフトウェア。

DoS攻撃 (➡9-4)
Denial of Serviceの略。短時間にサーバーが処理できないような大量のアクセス。

Elasticsearch (➡8-14)
オープンソースで全文検索や分析を担うソフトウェア。

FQDN (➡1-4)
Fully Qualified Domain Nameの略で、完全修飾ドメイン名ともいう。例えば、https://www.shoeisha.co.jp/about/index.htmlであれば、「www.shoeisha.co.jp」の部分を指す。

FTP (➡3-8)
File Transfer Protocolの略。外部とファイルを共有する、Webサーバーにファイルをアップロードするためのプロトコル。

GCP (➡3-12)
Google Cloud Platformの略。グーグルのクラウドサービス。

GDPR (➡7-6)
General Data Protection Regulationの略。EUの一般データ保護規則。

GIF (➡7-10)
Graphics Interchange Formatの略。アニメーションで利用できるが、256色までしか扱うことのできない小さめの画像ファイル。

HTML (➡2-3)
Hyper Text Markup Languageの略。ハイパーテキストを記述するための言語で、「<タグ>」と呼ばれるマークを使って記述する。

HTTPメソッド (➡2-6)
GETやPOSTなどのHTTPリクエストのこと。

HTTPリクエスト (➡2-6)
HTTP通信で、ブラウザからWebサーバーに上げる要求のこと。

HTTPレスポンス (➡2-7)
HTTPリクエストで受けたブラウザからの要求に対してのWebサーバーの応答。

IaaS (➡6-2)
Infrastructure as a Serviceの略。事業者がサーバーやネットワーク機器、OSを提供するサービスで、ミドルウェアや開発環境、アプリケーションは、ユーザーがインストールする。

IDS (➡9-3)
Intrusion Detection Systemの略。侵入検知システム。想定以外の通信のイベントを異常として検出する。

IPS (➡9-3)
Intrusion Prevention Systemの略。侵入防止システム。異常検出された通信を自動的に遮断するしくみ。

IPアドレス (➡3-3)
ネットワークで通信相手を識別するための番号で、IPv4では0から255までの数字を点で4つに区切って表される。

ISP (➡1-9)
インターネットサービスプロバイダの略称。インターネットに関連するサービスを提供する事業者。

JavaScript (➡2-11)
クライアントサイドを代表するスクリプト言語のひとつ。

Java Servlet (➡8-5)
JSPとセットで利用される。リクエストに応じた処理を実行して、JSPが結果を画面に表示する。

JPEG (➡7-10)
Joint Photographic Experts Groupの略。デジタルカメラやスマートフォンで撮影した場合の標準的な画像ファイルで、最大で1,677万色を扱うことができる。

JSON (➡8-7)
JavaScript Object Notationの略。XMLと並んでデータの受け渡しによく利用されている。CSVとXMLの中間に当たる形式。

JSP (➡8-5)
Java Server Pagesの略。サーバーサイドでWebページを生成する技術の代表的存在。

Kubernetes (➡8-11)
オーケストレーションの代表的なOSS。

LAMP (➡8-1)
Linux、Apache、MySQL、PHPのそれぞれの頭文字を取ったWebアプリのバックエンドの代表的なソフトウェアを表す言葉。

LAN (➡5-6)
Local Area Networkの略。企業や組織の内部のネットワークの基本。

Linux (➡1-5)
オープンソースOSの代表格、WebサーバーのOSの中では現在の主流。

MACアドレス (➡3-3)
ネットワーク内での機器を特定するための番号で、2桁の英数字6つを5つのコロンやハイフンでつないでいる。

Microsoft Edge (➡1-6)
マイクロソフトのブラウザ。

mov (➡7-12)
Appleの標準の動画のファイル形式。QuickTimeの利用が基本。

mp4 (➡7-12)
現在最も一般的で、Androidなどでの動画のファイル形式。

MVCモデル (➡8-3)
Webアプリの設計方法のひとつ。アプリケーションを、モデル(Model)、ビュー(View)、コントローラー(Controller)の3つの層に処理を分けて開発していく手法。

MySQL (➡8-1)
Webアプリのバックエンドに欠かせない代表的なOSSのデータベースソフトのひとつ。

Node.js (➡8-6)
JavaScriptの実行環境で、サーバー側でのJavaScriptの利用を可能にする。

OpenStack (➡6-7)
クラウドサービスの基盤となるオープンソースで、IaaS向けの基盤ソフト。

OSS (➡8-2)
Open Source Softwareの略で、ソフトウェア開発の発展や成果の共有を目的として公開されているソースコードを使用して、再利用や再配布が可能なソフトウェアの総称。

PaaS (➡6-2)
Platform as a Serviceの略。IaaSに加え、ミドルウェアやアプリケーションの開発環境が提供される。

PHP (➡2-12)
サーバーサイドの代表的なスクリプト言語で、CMSでもよく利用されている。

PNG (➡7-10)
Portable Network Graphicsの略。JPEGと同様に1,677万色を扱うことができる。画像の場所によって透明度を調整してファイルサイズを小さくすることができるので、トップページや商品の見本画像などでよく利用される。

POP3 (➡5-5)
Post Office Protocol Version3の略。メールを受信するサーバー。

Proxy (➡3-6)
インターネット通信の代行をする機能。

React (➡8-4)
JavaScriptのフレームワークで、Facebookなどで利用されている。

SaaS (➡6-2)
Software as a Serviceの略。ユーザーがアプリケーションとその機能を利用するサービス。ユーザーはアプリケーションの利用や設定にとどまる。

Safari (➡4-3)
iPhoneの推奨ブラウザ。

Samba (➡5-7)
LinuxのOSでのファイルサーバー機能。

SEO (➡4-9)
Search Engine Optimizationの略。Webサイトだけでなく、その他の媒体も含めて、想定顧客を効率よくつかむ手法。

SMTP (➡5-5)
Simple Mail Transfer Protocolの略。メールを送信するサーバー。

SoE (➡2-1)
System of Engagementの略。つながるシステムのことで、さまざまな組織や個人のつながり、取得した情報の活用を視野に入れたシステムのこと。

SoR (➡2-1)
System of Recordの略。記録のシステムのことで、利用する組織での管理を中心としている。

SSH (➡7-13)
Secure SHellの略。細かい手順はISPやクラウド事業者で異なるが、セキュアな接続として主流となっている。外部からWebサーバーに接続する方法のひとつ。SSHのソフトを利用して、接続する端末やIPアドレスを特定するとともに、キーファイルを交換してセキュアな接続を行う。

SSL (➡3-7)
Secure Sockets Layerの略。インターネット上での通信の暗号化を行うプロトコル。

TCP/IPプロトコル (➡3-2)
代表的なネットワークのプロトコルで、アプリケーション層、トランスポート層、インターネット層、ネットワークインタフェース層で構成される。

TypeScript (➡2-11)
マイクロソフトが2010年代前半に発表したプログラミング言語で、JavaScriptと互換性がある。

UNIX系 (➡1-5)
サーバーのメーカー各社が提供する最も歴史あるサーバーOS。

URL (➡1-3)
Uniform Resource Locatorの略。「http:」や「https:」以下で表し、入力またはクリックやタップをすると、Webページにアクセスすることができる。

UTM (➡9-3)
Unified Threat Managementの略。統合脅威管理。複数のセキュリティ機能を統合して提供する。入り口のところに、セキュリティ対策機能を持ったサーバーやネットワーク機器を設置し、セキュリティ機能専用のハードウェアを増やしていく方法とソフトウェアで制御する方法。

UXデザイン (➡2-2)
User Experienceデザインの略で、ユーザーが得られる満足する体験を設計すること。

VPC (➡6-4)
Virtual Private Cloudの略。プライベートクラウドをパブリッククラウド上で実現するサービス。

Vue.js (➡8-4)
JavaScriptのフレームワークで、LINEやAppleなどで利用されている。

WAF (➡9-4)
Web Application Firewallの略。通信の内容を見て悪意のあるデータの有無を確認するしくみ。

WAN (➡5-6)
Wide Area Networkの略。キャリアが提供する通信網。

Webアプリ (➡1-2)
Webアプリケーションの略称で、オンラインショッピングのような動的なしくみを指す。

Webサーバー (➡1-2)
端末のブラウザが、インターネットを経由して向かう先で、デバイス（ブラウザ）、インターネット、Webサーバーが基本の構成。

Webサイト (➡1-2)
文書情報を中心としたWebページで構成される集合体。

Webシステム (➡1-2)
Webサイト、Webアプリと連携して、APIなどで個別のサービスを提供するなど、やや複雑、あるいは規模の大きいしくみ。

Webデザイナー (➡2-2)
Webサイト他に特化したデザイナー。

Windows Server (➡1-5)
マイクロソフトが提供するサーバーOS。

WWW (➡1-1)
World Wide Webの略で、インターネットを通じて提供されるハイパーテキストを利用したシステムのこと。

XML (➡8-7)
Extensible Markup Languageの略。マークアップ言語のひとつで、さまざまなシステムで利用されている。

Zabbix (➡9-7)
データセンターなどでの運用監視ソフトで利用されているオープンソースのひとつ。

あ行

アクセス制御 (➡9-6)
ユーザーの管理・認証、アクセスの制御、正しいアクセスの確認とログを残す監査機構などから構成される厳密なシステム。

インターネットエクスチェンジ (➡1-9)
インターネット接続点、インターネット相互接続点、IXなどともいわれる。インターネットサービスプロバイダの上位に位置して、接続する役割を持つ。

イントラネット (➡5-6)
LANやWANで構成される企業内ネットワーク。

ウォームスタンバイ (➡9-10)
本番系に加えて待機系を準備してシステムの信頼性を向上させる方法。待機系のサーバーは最小限の機能を動作させて、本番系の障害発生に備えている。

エッジコンピューティング (➡8-8)
ユーザーの近くにサーバーの機能やアプリケーションの一部を持ってくる取り組み。

オーケストレーション (➡8-11)
異なるサーバー間に存在するコンテナの関係性や動作を管理すること。

オンプレミス (➡5-1)
自社でIT機器その他のIT資産を保有して自らが管理する敷地内に設置して運用する形態。

か行

仮想サーバー (➡5-4)
Virtual Machine（VM）、インスタンスなどとも呼ばれる。物理サーバーを例とすると、1台のサーバーの中に複数台のサーバーの機能を仮想的あるいは論理的に持たせること。

クラウド (➡6-1)
クラウドコンピューティングの略称で、情報システムならびにサーバーやネットワークなどのIT資産をインターネット経由で利用する形態。

クラウドサービス (➡3-9)
IT資産をインターネット経由で提供するサービス。

クラウドネイティブ (➡6-2)
クラウド環境でシステムを開発してそのまま運用する形態。

クラサバシステム (➡1-8)
企業の業務システムの基本的なシステム構成。クライアントからLANのネットワークを通じて、さまざまなシステムのサーバーにアクセスする。

コールドスタンバイ (➡9-9)
本番系・待機系を準備してシステムの信頼性を向上させる方法。本番系に障害が発生してから待機系を起動させるため、交代に時間がかかる。

個人情報保護法 (➡7-6)
個人情報を扱うすべての企業ならびに個人が守らなければならない法律。

コピー防止コード (➡7-11)
Webページの画像などのコピーを防止するために記述するコード。

コロケーションサービス (➡6-6)
データセンターが提供するサービス形態のひとつで、サーバーなどのICT機器はユーザーが保有し、そのシステムの運用監視などもユーザーが行う。

コンテナ型 (➡8-10)
仮想化の中でも軽量化を実現する基盤技術。

コントローラー (➡6-7)
クラウド事業者のデータセンターにあるサーバーで、サービスを一元的に管理・運用している。

コンパイラ言語 (➡8-5)
処理を実行するファイルの作成時にコンパイルを必要とする言語。

さ行

最大通信速度 (➡4-10)
通信システムの性能を示す数値のひとつ。1秒間にどれだけの量のデータを転送できるかで示される。

サイト管理者 (➡7-13)
Webサイトにおいて、コンテンツの追加変更や動作確認などは実行できるが、サーバーの設定やソフトウェアのインストールなどはできない人材。

スクリプト言語 (➡2-10)
処理を実行することができるプログラミング言語だが、コンパイルの必要はない。

ステータスコード (➡2-7)
リクエストを送った相手側のWebサーバーの情報や、リクエストがどのように処理されたかどうかを示すコード。

ステートレス (➡2-6)
HTTPで1回ごとに通信の相手とのやりとりを完結させる特徴のこと。

静的ページ (➡2-5)
記述された文書の表示が主体となる固定的な動きのないページのこと。

セッション (➡2-14)
ブラウザとWebサーバーの間の処理の開始から終了までのやりとりを管理するしくみ。

セッションID (➡2-14)
セッションごとにIDを割り当てて、個々のセッションを管理する。

専用アプリ (➡1-3)
Webサービスを提供する企業などが配布している、ユーザーの各デバイス向けの専用のアプリケーション。アプリには、URLが埋め込まれていて、アプリを立ち上げるとすぐにアクセスできるようになっている。

た行

タグ (➡2-3)
HTMLを記述するマーク。

第5世代移動通信システム (➡4-10)
通称5Gと呼ばれている大容量データ通信に適した通信システム。

多層防御 (➡9-2)
階層構造に機能分けして外部からの不正なアクセスを防御すること。

多要素認証 (➡9-5)
Multi-Factor AuthenticationでMFAとも呼ばれる。IDとパスワード、さらにICカードや生体認証、業務PC以外の端末なども利用した本人確認の方法。

データセンター (➡6-6)
1990年代から普及した大量のサーバーやネットワーク機器などを効率的に設置・運用する建物。現在はクラウドを支えるファシリティの基盤となっている。

デベロッパーツール (➡2-8)
ブラウザに実装されている開発者向けのツールのこと。

動的ページ (➡2-5)
ユーザーからの入力やユーザーの状況に応じて、出力する内容が動的に変化するWebページ。

トークン方式 (➡8-9)
例として、カード情報をスクリプトで暗号化して決済会社に渡して、以降は暗号化されたデータをやりとりする（商用サイトはカード情報を保持しないが、しているように見える）方式が挙げられる。

特定商取引法 (➡7-6)
訪問販売や通信販売などで事業者が守るべきルールを定めた法律で、消費者の利益を守ることを目的としている。

トップレベルドメイン (➡7-5)
.jp、.com、.netなどの文字通り階層構造のトップのドメイン。

ドメイン管理者 (➡7-13)
Webサイトにおいて、コンテンツの追加変更、動作確認、ソフトウェアのアップデートなどのような、管理者の立場でWebサイトやサーバーを裏側から管理できる人材。

ドメイン名 (➡1-4)
https://www.shoeisha.co.jp/about/index.htmlであれば、「shoeisha.co.jp」の部分。ドメイン名はインターネットの世界の中で一意の名前だが、対になるグローバルIPアドレスを持っている。

な行

ノンコード (➡2-1)
コードを書かないで設定作業を中心にしてシステムを作っていくスタイル。

は行

パーミッション (➡3-10)
Webサーバーの特定のディレクトリやファイルなどに、書き込み・読み取り・実行の権限を設定すること。

ハイパーテキスト (➡1-1)
複数の文書の関連づけを行うしくみで、あるWebページの中に別のWebページを結びつけることができる。

ハイパーバイザー型 (➡8-10)
現在の仮想化ソフトの多数派となっており、物理サーバー上での仮想化ソフトとして、その上にLinuxやWindowsなどのゲストOSを載せて動作させる。

ハイパーリンク (➡1-1)
Webサイトを構成するそれぞれのWebページは、リンクや参照という形で別のページを関連づけており、多数のページがつながっている状態である。

ハウジングサービス (➡6-6)
データセンターが提供するサービス形態のひとつで、サーバーなどのICT機器はユーザーが保有するが、そのシステムの運用監視などは事業者が行う。

バックエンド (➡8-6)
Webアプリの開発において、Webサイトの裏側にあるサーバー側でのデータベースその他の処理や運用などに携わるしくみ。

パブリッククラウド (➡6-3)
クラウドサービスの象徴的な存在であるアマゾンのAWS、マイクロソフトのAzure、グーグルのGCPなどのように、不特定多数の企業や団体、個人に対して提供しているサービス。

ファイアウォール (➡9-2)
内部のネットワークと外部との境界で通信の状態を管理してセキュリティを守るしくみの総称。

ファイルサーバー (➡5-7)
ファイルを共有するサーバー。

フォルトトレランスシステム (➡9-9)
障害が発生しても稼働し続けるシステム。

プライベートクラウド (➡6-3)
自社のためにクラウドサービスを提供する、あるいはデータセンターなどに自社のためのクラウドのスペースを構築すること。

ブラウザ (➡1-2・➡1-6)
Webページを閲覧するためのソフトウェア。Webブラウザとも呼ばれ、ハイパーテキストを人間の目で見やすいように表示してくれる。

プラグイン (➡8-2)
アプリケーションの基本機能に別機能を追加すること。

ブレークポイント (➡7-8)
Webページの表示の分岐の基準となる画面サイズで、PC、タブレット、スマートフォンなどのように、画面サイズの境界線に当たる値。

フロントエンド (➡8-6)
Webアプリの開発において、顧客要求に基づいてWebサイトのフロントとなるブラウザでの見た目や動きを担当するしくみ。

ポート番号 (➡3-8)
TCP/IPの通信のヘッダーに含まれている番号のこと。

ホスティングサービス (➡6-6)
データセンターが提供するサービス形態のひとつで、サーバーなどのICT機器も事業者が保有し、システムの運用監視なども事業者が行う。

ホストOS型 (➡8-10)
仮想サーバーから物理サーバーにアクセスする際に、ホストOSを経由するので速度の低下が起きやすいが、障害発生時の切り分けはハイパーバイザー型よりしやすい。

ホットスタンバイ (➡9-9)
本番系・待機系を準備してシステムの信頼性を向上させる方法。本番系のデータを常時待機系にコピーしており、障害発生時にはすぐに切り替わる。

ま行

マイグレーション (➡6-8)
システムを別の環境に移行すること。

マッシュアップ (➡8-8)
クライアント側で処理を実行して、複数のWebサービス（Webシステム）を組み合わせて1つに見せる技術。

ミッションクリティカル (➡5-2)
社会基盤インフラに関わる24時間・365日止めることが許されない大規模システムを指す。

ら行

リダイレクト (➡7-7)
あるWebページから別のページへの切り替えをいう。httpからhttpsへの切り替えを指すことが多い。

リンク方式 (➡8-9)
例として、商用サイトが決済会社のサイトにリンクして、決済が完了したら商用サイトに戻る（商用サイトはカード情報を保持しないが、しているように見える）方式が挙げられる。

レジストラ (➡7-5)
ドメイン名の登録申請を受ける事業者。

レジストリ (➡7-5)
ドメイン名を管理する機関や団体。

レスポンシブ (➡4-2)
ユーザーのデバイスやブラウザに応じたWebページを提供すること。

レスポンスタイム (➡5-2)
ユーザーが処理の命令を発行し、実行完了となるまでの時間を指す。

レンダリング (➡1-6)
ブラウザのWebサーバーへのリクエストとレスポンスに関して、ブラウザが適切な形で処理をして端末の画面に表示する工程。

レンタルサーバー (➡3-9)
インターネットサービスプロバイダが、利用者にサーバーやネットワークを貸し出しするサービス。

ローコード (➡2-1)
コードをできるだけ書かない開発のスタイル。

おわりに

ここまで、Web技術をテーマとして解説をしてきました。

Webのサービスならびにシステムは、今後も一層の広がりがあるとともに、私たちの生活やビジネスを支える基盤として不可欠なしくみであることが理解いただけたかと思います。

本書はWeb技術に関する基本的なポイントをまとめていますが、実際に各事業者が提供しているサービスを利用する、あるいはWebサービスを立ち上げるなどの際には、それぞれに特化した専門書やWebサイトなどを参考としてください。

また、Web技術とは別に情報システムやIT全般の基礎知識を身につけたい方には、拙著『図解まるわかり サーバーのしくみ』を、クラウドの基本については、『図解まるわかり クラウドのしくみ』（いずれも翔泳社）を読まれることをお勧めします。同じような形式で、同じ著者が執筆しているのでわかりやすいと思います。

最後に、本書の執筆には、岸均さん、渡辺登さん、大脇真悟さん、田中淳史さん、富岡弘樹さん、渡邉圭介さん、金城恒夫さん、中島康裕さん、汪キン垠さん、田原幹雄さん、富士通クラウドテクノロジーズ株式会社、その他Webシステムやサービスのビジネスを手掛けている多くの方たちにご協力いただきました。また、本書の企画から刊行まで翔泳社編集部に全面的に支援していただきました。改めてお礼申し上げます。

読者の皆さまがWeb技術を活用する際、本書をガイドとして役立てていただければ幸いです。

2021年4月　西村 泰洋

索引

【あ行】

【か行】

【さ行】

【た行・な行】

本書内容に関するお問い合わせについて

このたびは翔泳社の書籍をお買い上げいただき、誠にありがとうございます。弊社では、読者の皆様からのお問い合わせに適切に対応させていただくため、以下のガイドラインへのご協力をお願い致しております。下記項目をお読みいただき、手順に従ってお問い合わせください。

●ご質問される前に

弊社Webサイトの「正誤表」をご参照ください。これまでに判明した正誤や追加情報を掲載しています。

正誤表　https://www.shoeisha.co.jp/book/errata/

●ご質問方法

弊社Webサイトの「刊行物Q&A」をご利用ください。

刊行物Q&A　https://www.shoeisha.co.jp/book/qa/

インターネットをご利用でない場合は、FAXまたは郵便にて、下記"翔泳社 愛読者サービスセンター"までお問い合わせください。
電話でのご質問は、お受けしておりません。

●回答について

回答は、ご質問いただいた手段によってご返事申し上げます。ご質問の内容によっては、回答に数日ないしはそれ以上の期間を要する場合があります。

●ご質問に際してのご注意

本書の対象を越えるもの、記述個所を特定されないもの、また読者固有の環境に起因するご質問等にはお答えできませんので、予めご了承ください。

●郵便物送付先およびFAX番号

送付先住所　〒160-0006　東京都新宿区舟町５
FAX番号　03-5362-3818
宛先　（株）翔泳社 愛読者サービスセンター

著者プロフィール

西村 泰洋（にしむら・やすひろ）

富士通株式会社 フィールド・イノベーション本部 ヘルスケアFI統括部長
デジタル技術を中心にさまざまなシステムとビジネスに携わる。
情報通信技術の面白さや革新的な能力を多くの人に伝えたいと考えている。IT入門サイト、ITzoo.jp（https://www.itzoo.jp）でITの基本やトレンドの解説、無料ダウンロードでの各種素材の提供、Webアプリのサービスやコンサルティングなども手掛けている。
著書に『図解まるわかり クラウドのしくみ』『図解まるわかり サーバーのしくみ』『IoTシステムのプロジェクトがわかる本』『絵で見てわかるRPAの仕組み』『RFID+ICタグ システム導入・構築標準講座』（以上、翔泳社）、『図解入門 よくわかる最新IoTシステムの導入と運用』『デジタル化の教科書』『図解入門 最新 RPAがよ〜くわかる本』（以上、秀和システム）、『成功する企業提携』（NTT出版）がある。

装丁・本文デザイン／相京 厚史（next door design）
カバーイラスト／越井 隆
DTP／佐々木 大介
吉野 敦史（株式会社アイズファクトリー）

図解まるわかり Web（ウェブ）技術のしくみ

2021年4月7日　初版第1刷発行

著者　西村 泰洋
発行人　佐々木 幹夫
発行所　株式会社 翔泳社（https://www.shoeisha.co.jp）
印刷・製本　大日本印刷 株式会社

本書へのお問い合わせについては、239ページに記載の内容をお読みください。
落丁・乱丁はお取り替え致します。03-5362-3705 までご連絡ください。

ISBN978-4-7981-6949-1　Printed in Japan